U0604673

技工院校机械类技能训练与鉴定指导丛书

普通铣工技能训练与鉴定指导

丛书主编　张才明

主　　编　张锐忠　陈桂平

副 主 编　陈国仁　熊成军　魏文才

主　　审　陈小燕　朱政球

南京大学出版社

图书在版编目（CIP）数据

普通铣工技能训练与鉴定指导 / 张锐忠，陈桂平主编 . —南京：南京大学出版社，2010.12
　（技工院校机械类技能训练与鉴定指导丛书）
　ISBN　978 - 7 - 305 - 07918 - 4

　Ⅰ.①普… Ⅱ.①张…②陈… Ⅲ.①铣削－高等学校：技术学校－教学参考资料 Ⅳ.①TG54

中国版本图书馆 CIP 数据核字（2010）第 242694 号

出版发行　南京大学出版社
社　　址　南京市汉口路 22 号　　　邮　编　210093
网　　址　http：//www.NjupCo.com
出版人　左　健
丛书名　技工院校机械类技能训练与鉴定指导丛书
书　　名　**普通铣工技能训练与鉴定指导**
主　　编　张锐忠　陈桂平
责任编辑　瞿昌林　　　　　　　编辑热线　010 - 83937988
审读编辑　张　青

照　　排　天凤制版工作室
印　　刷　廊坊市广阳区九洲印刷厂
开　　本　787×1092　1/16　　　印张 9.5　字数 207 千
版　　次　2010 年 12 月第 1 版　2010 年 12 月第 1 次印刷
印　　数　1—3000
ISBN　978 - 7 - 305 - 07918 - 4
定　　价　26.00 元

发行热线　025 - 83594756
电子邮箱　Press@NjupCo.com
　　　　　Sales@NjupCo.com（市场部）

前 言 Preface

为了充实和满足学生在实训过程中所欠缺的理论知识、实际工艺分析能力、实际操作能力等实际需要，本着突出技能训练、更好地培养学生动手能力的要求，以惠州高级技工学校大纲为主要指导思想，为便于铣工实训指导教师统一规划，统一安排各学期的普铣实训教程。特编写本指导书。

本教材的编写参照了《铣工工艺与技能训练（劳动版）》的工艺理论知识和技能训练的有关课题，根据教学大纲要求和学生实训的实际能力，参考了社会企业中的一些零件加工的较为先进的成熟工艺和几位铣工教师的实际教学经验，本着以人为本的理念，提高学生双向素质，为一体化教学的发展铺路架桥。

本书精选了普铣初、中级工训练的课题及高级工训练的部分课题。根据社会上模具行业比较多使用立式铣床以及我们学校的具体情况，重点介绍利用立式铣床加工模具零件的基本操作技能（里面增加了电子尺最常见的几种功能介绍），另外还将平面磨床的最基本操作技能也编入其中。采取由浅入深，循序渐进，将专业理论知识融入相关训练课题的教学方法。使学生在实训过程中能够反复学习、理解、熟悉基本工艺和实际操作技能，变枯燥学习为兴趣训练，变被动接受知识为主动求知，最终达到掌握本专业知识和技能要求的目的。

本书由广东省惠州市高级技工学校张锐忠、陈桂平老师担任主编并负责全书统稿工作，由陈国仁、熊成军和魏文才老师担任副主编，陈小燕和朱政球老师负责审稿。

本书的编写过程中得到了学校各级领导的大力支持，在此谨表示衷心的感谢！由于时间仓促和水平所限，书中难免有不妥之处，敬请读者批评指正。

编 者

2010 年 5 月

目 录 Contents

模块一　铣削部分

模块二　磨削加工

模块三 综合训练

模块一　铣削部分

课题一　铣削的基本知识

实训要求

了解铣床种类及工作内容，正确掌握铣床的操纵方法，合理使用工夹具。

铣削加工是金属切削加工工种之一，铣削加工是在铣床上用铣刀来切削金属。本课题介绍铣床、铣刀、铣削用量等基础知识。

第一节　铣床使用规定及安全操作规程

一、铣床由专职老师负责管理，任何人员使用该设备及其工具、量具、材料等都应服从该设备负责人管理。

二、参加实习的学生必须在指导老师指导下使用设备。任何人使用时，必须遵守本操作规程。在实习工场内禁止大声喧哗、嬉戏追逐；禁止吸烟；禁止从事一些未经指导老师同意的工作，且不得擅自离开教学范围。（不得随意触摸、启动各种开关）服从指导老师安排。

三、操作机床时为了安全起见，要穿好工作服，袖口要扎紧；不得戴手套进行操作；不得穿短裤、穿拖鞋；女学员禁止穿裙子，长发放在护发帽内。

四、因切削时，切屑有甩出现象，学员必须戴护目镜，以防切屑灼伤眼睛。

五、装夹工件、刀具要停机进行。工件和刀具必须装牢靠，防止工件和刀具从夹具中脱落或飞出伤人。

六、禁止将工具或工件放在机床上，尤其不得放在机床的运动件上。

七、开动机床前，应检查润滑系统是否通畅。

八、操作时，手和身体不能靠近机床的旋转部件，应注意保持一定的距离。

九、运动中严禁变速。变速时必须等停车后待惯性消失再扳动换挡手柄。

十、测量工件要停机进行。

十一、机床运转时，操作者不能离开工作地点，发现机床运转不正常时，应立即停机检查，并报告现场指导老师。当突然意外停电时，应立即切断机床电源或其他启动机构，并把刀具退出工件部位。

十二、不要使污物或废油混在机床冷却液中，否则不仅会污染冷却液，甚至会传播疾病。

十三、切削时产生的切屑，应使用刷子及时清除，严禁用手清除。

十四、任何人在使用设备后，都应把刀具、工具、量具、材料等物品整理好，并做好设备清洁和日常设备维护工作。

十五、要保持工作环境的清洁，每天下班前 15 分钟，要清理工作场所；以及必须每天做好防火、防盗工作，检查门窗是否关好，相关设备和照明电源开关是否关好。

十六、任何人员，违反上述规定或培训中心的规章制度，实习指导老师有权停止其操作。

第二节　铣床简介

一、铣床及其分类

铣床种类很多，常用的有卧式铣床、立式铣床、龙门铣床和数控铣床及铣镗加工中心等。在一般工厂，卧式铣床和立式铣床应用最广，由于模具生产的标准化程度越来越高，其中比较经济的立式万能摇臂铣床，在模具中型芯、型腔的加工、钻坐标孔等应用最多，特加以介绍。

（一）铣床的型号

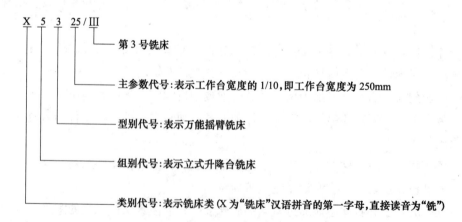

（二）常用铣床

铣床的种类很多，常用的有以下几种：

1. 卧式铣床

卧式万能升降台铣床简称万能铣床，如图 1-1 所示，是铣床中应用较广的一种。其主要特征是主轴是与工作台面平行。X6132 万能卧式铣床的主要组成部分：

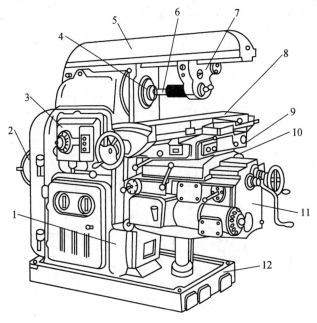

图 1-1　X6132 卧式万能铣床升降台铣床

1—床身；2—电动机；3—变速机构；4—主轴；5—横梁；6—刀杆；7—刀杆支架；

8—纵向工作台；9—转台；10—横向工作台；11—升降台；12—底座

2. 立式升降台铣床

立式升降台铣床，如图 1-2 所示。其主要特征是主轴与工作台面垂直。另外立铣头（主轴）可以根据需要偏转一定的角度。万能摇臂铣床是立式升降台铣床的其中一种。

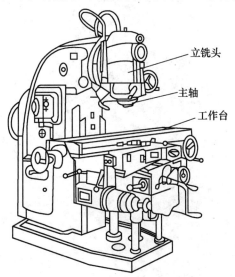

图 1-2　立式升降台铣床

3. 万能工具铣床

4. 龙门铣床

图 1-3 为四轴龙门铣床外形图。它一般用来加工其他铣床不能加工的大型工件。

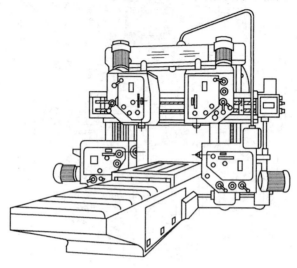

图 1-3　四轴龙门铣床外形

除了上述四种常用铣床外，还有仿形铣床、数控铣床（俗称"电脑锣"）等。

二、X5325/Ⅲ万能摇臂铣床

1. X5325/Ⅲ万能摇臂铣床的主要部件（如图 1-4 和图 1-5 所示）

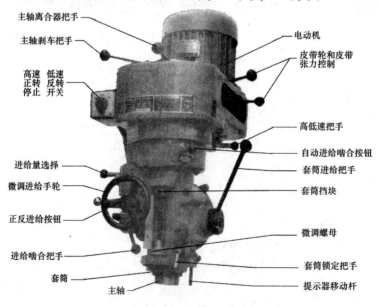

图 1-4　X5325/Ⅲ万能摇臂铣床铣头

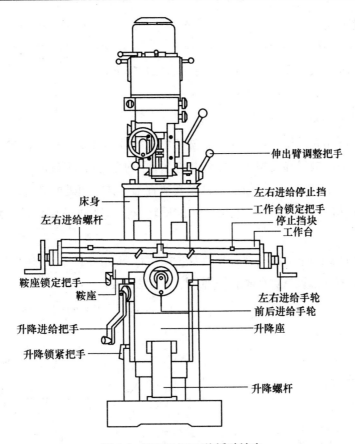

图 1-5 X5325/Ⅲ万能摇臂铣床

2. X5325/Ⅲ万能摇臂铣床主要技术参数

工作台面面积 ··· 1270×254mm

纵向行程 ··· 860mm

横向行程 ··· 380mm

垂向行程 ··· 340mm

摇臂行程 ··· 520mm

主轴孔锥度 ··· R8 或 ISO30

主轴套筒行程 ··· 127mm

主轴转速 ·································· 80～5440rpm（16 级）

主轴进刀量 ······················ 0.045 0.086 0.142mm/转

铣床回转角度 ···················· 左右：±90° 前后：±45°

主电机 ··· 2.2kw

主轴端至工作台面距离 ······························· 0～420mm

主轴中心至立柱导轨面距离 ······················ 155～665mm

最大负载重量 ··· 400kg

导轨形状 ·· X：△　Y：△　Z：△

机床外型尺寸（长×宽×高）1750×1650×2100mm

机床重量 ··· 1200kg

3. X5325/Ⅲ万能摇臂铣床主要性能

（1）本机床既作立铣使用，又能作卧铣使用，同时亦可以进行钻、镗、铰等加工。可以加工平面、斜面、曲成和沟槽等；配置相应附件能加工各种螺旋面、齿轮、花键、插槽等。适用于产品的小批生产和维修加工，尤其适宜工、夹、模具的制造。

（2）铣头能作前后±45°，左右：±90°的回转；摇臂能作前后移动及水平360°回转，灵活性大，加工范围广。

（3）手动注油泵集中供油，使各导轨及传动丝杆均有良好的润滑条件。

4. X5325/Ⅲ万能摇臂铣床的润滑（见图1-6和表1-1）

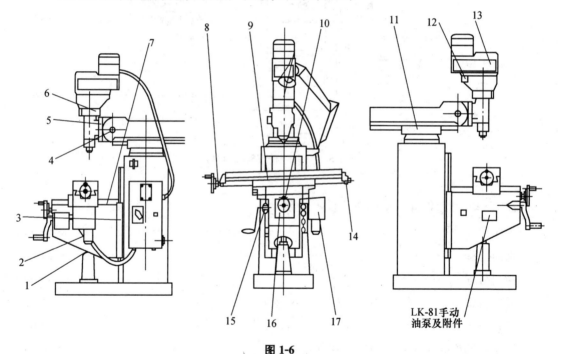

图 1-6

表 1-1　X5325/Ⅲ万能摇臂铣床的润滑表

序号	润滑部位	润滑方式	润滑剂	润滑周期
1	升降台丝杆	手动油泵集中供油	N46 机械油	每班两次
2	工作台升降锥齿轮			
3	升降台垂直导轨			
4	摇臂蜗轮蜗杆副	涂刷	复合钙基润滑脂	每年一次
5	铣头体斜齿轮蜗杆			

（续表）

序号	润滑部位	润滑方式	润滑剂	润滑周期
6	铣头体内部构件	手工加油	N48 机械油	加满（两月一次）
7	升降台水平导轨	手动油泵集中供油	N46 机械油	每班两次泵内储油低于标线时充油
8	纵向丝杆			
9	工作台导轨			
10	横向丝杆			
11	摇臂导轨	手工加油	N46 机械油	每班一次
12	主轴套筒变速机构	油枪注油	N68 机械油	加满（每年一次）
13	高低变速机构	手工加油	N68 机械油	加满（半年两次）
14	纵向丝杆轴承	涂刷	复合钙基润滑脂	每两年一次
15	升降手轮轴轴承			
16	横向换向机构	油浴	N46 机械油	每三月一次
17	机动进给箱			

5. X5325/Ⅲ万能摇臂铣床的操作

（1）工作台纵、横、垂直方向的手动进给操作。顺时针方向摇动各手柄，工作台前进（或上升）；反之，则后退（或下降）。摇动各手柄应均匀，进给速度应适当。

纵向、横向刻度盘的圆周刻线 250 格，每摇 1 转，工作台移动 5mm，所以每摇过 1 格，工作台移动 0.02mm；垂直方向刻度盘的圆周刻线 40 格，每摇 1 转，工作台上升（或下降）2.5mm，因此，每摇 1 格，工作台上升（或下降）也是 0.02mm。摇动各手柄，通过刻度盘控制工作台在各进给方向的移动距离。（思考：南通 XJ6325 万能摇臂铣床是否一样？）

当摇动手柄使工作台在某一方向按要求的距离移动时，若将手柄摇过头，则不能直接拖回到要求的刻线处，必须将手柄退回约 1 转后，再重新摇到要求的数值。

（2）主轴变速操作（注意：变速前主轴必须完全停止旋转！）

①皮带变速；

②铣头换挡，如图 1-7 所示：

a. 从高挡换至低挡时，将"B"把手移至右端，C 旋钮转到"in"位置上（即同时向内）；

b. 从低挡换至高挡时，将"B"把手移向前方位置，然后用右手握住主轴，左手带住刹车把手，旋转至离合器明显啮合（听到"嗒"一声）为止，并将 C 旋钮转到"out"位置上（即同时向外）；

c. 同时学会判断刀具的正、反转。

（思考：南通 XJ6325 万能摇臂铣床的主轴变速是否一样?）

（3）拆、装铣刀的操作（特别注意：关闭电源，拆装完毕必须将扳手拿走!）

①将铣床紧急电源开关压到"关"的位置，关闭电源；

②将主轴转速挡旋至低速位置，配合使用刹车，用扳手扭松（不用完全松完）刀夹；

③用碎布包住左手抓住铣刀，使用铜锤敲至铣刀松动即可。

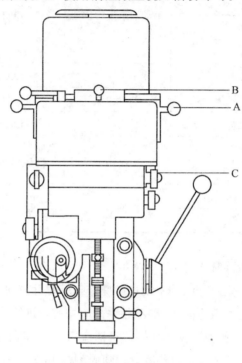

图 1-7　铣头换挡

三、X5325/Ⅲ万能摇臂铣床的基本操作训练

（一）认识机床和手动进给操作练习

1. 在教师的指导下认识和熟悉机床

（1）熟悉机床各操纵手柄位置。

（2）熟悉电源开关、冷却泵开关、"启动"和"停止"按钮等位置。

（3）熟悉工作台各紧固螺钉、手柄位置，检查各停止挡铁是否牢固安装在限位柱范围内。

（4）熟悉机床各润滑点位置，对铣床注油润滑。

2. 手动进给操作练习

（1）熟悉各进给方向手柄的刻度盘。

（2）做各方向的手动进给练习。

（3）使工作台在纵、横和垂直方向分别移动 3.5mm、6mm、7.78mm（利用数显表进行对照）。

（4）熟练均匀地进行手动进给速度控制练习，每分钟均匀地手动进给 25mm、50mm、40mm（即纵向、横向手动进给手柄均匀地摇动 5、10、16r/min）。

（二）铣床主轴变速和空运转练习

（1）将铣床电源开关转动到"关"的位置，机床主轴（刀具）处于完全停止状态。

（2）练习变换主轴转速 1～3 次（如 80、160、660、1320r/min）。特别注意由低速挡换到高速挡时，啮合好"嗒"的声音。

（3）将铣床电源开关转动到"通"的位置，接通电源。

（4）按"启动"按钮，使主轴回转 3～5 分钟。判断刀具的旋转方向。

（5）停止主轴回转。

（6）重复以上练习。

（三）拆、装铣刀的操作练习

（1）将铣床紧急电源开关压到"关"的位置，关闭电源。

（2）将主轴转速挡旋至低速位置，配合使用刹车，用扳手扭松刀夹。

（3）用碎布包住左手抓住铣刀，使用铜锤敲至铣刀松动即可。

（4）如果换不同类型或大小的铣刀，则将铣刀夹旋出并换成合适的即可。

（5）装刀夹时注意要擦拭干净并对准键位，铣刀伸出量要合适。

（四）训练时的注意事项

（1）严格遵守安全操作规程。

（2）不准做与以上训练内容无关的其他操作。

（3）操作必须按规定步骤和要求进行。

（4）练习完毕后，认真擦拭机床，使工作台在各进给方向处于中间位置，各手柄恢复原来位置，关闭机床电源开关。

第三节 铣刀简介及铣床的主要附件

一、铣刀

铣刀是用于铣削加工的一类刀具，通常具有几个刀齿，结构比较复杂。但不论如何复杂，其每一个刀齿都可以变成一把简单的车刀或刨刀。

（一）铣刀切削部分的材料

绝大多数的刀具是机用的，但也有手用的。由于机械制造中使用的刀具基本上都用于切削金属材料，所以"刀具"一词一般就理解为金属切削刀具。切削木材用的刀具则称为木工刀具。

在采用合金工具钢时，刀具的切削速度提高到约 8m/min，采用高速钢时，又提高两倍以上，到采用硬质合金时，又比用高速钢提高两倍以上，切削加工出的工件表面质量和尺寸精度也大大提高。

由于高速钢和硬质合金的价格比较昂贵，刀具出现焊接和机械夹固式结构。1949～1950 年，美国开始在车刀上采用可转位刀片，不久即应用在铣刀和其他刀具上。1938 年，德国德古萨公司取得关于陶瓷刀具的专利。1972 年，美国通用电气公司生产了聚晶人造金刚石和聚晶立方氮化硼刀片。这些非金属刀具材料可使刀具以更高的速度切削。

在硬质合金或高速钢刀具表面涂覆碳化钛或氮化钛硬质层。表面涂层方法把基体材料的高强度和韧性与表层的高硬度和耐磨性结合起来，从而使这种复合材料具有更好的切削性能。

（二）铣刀的种类

铣刀的分类方法很多，按铣刀切削部分的材料分类，可分为：

（1）高速工具钢铣刀；

（2）硬质合金铣刀。

根据铣刀安装方法的不同可分为两大类，即带孔铣刀和带柄铣刀。带孔铣刀多用在卧式铣床上，带柄铣刀多用在立式铣床上。带柄铣刀又分为直柄铣刀和锥柄铣刀。

（1）常用的带孔铣刀有如下几种：

①圆柱铣刀：其刀齿分布在圆柱表面上，通常分为直齿和斜齿两种，主要用于铣削平面。由于斜齿圆柱铣刀的每个刀齿是逐渐切入和切离工件的，故工作较平稳，加工表面粗糙度数值小，但有轴向切削力产生。

②圆盘铣刀：即三面刃铣刀、锯片铣刀等。主要用于加工不同宽度的直角沟槽及小平面、台阶面等。锯片铣刀用于铣窄槽和切断。

③角度铣刀：具有各种不同的角度，用于加工各种角度的沟槽及斜面等。

④成形铣刀：其切刃呈凸圆弧、凹圆弧、齿槽形等。用于加工与切刃形状对应的成形面。

（2）常用的带柄铣刀有如下几种：

①立铣刀：立铣刀有直柄和锥柄两种，多用于加工沟槽、小平面、台阶面等。

②键槽铣刀：专门用于加工封闭式键槽。

③T 形槽铣刀：专门用于加工 T 形槽。

④镶齿端铣刀：一般刀盘上装有硬质合金刀片，加工平面时可以进行高速铣削，以提高工作效率。

二、铣床的主要附件

（1）铣床的主要附件有分度头、平口钳、万能铣头和回转工作台，如图 1-8 所示。

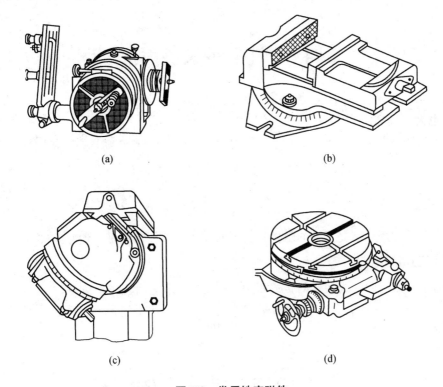

图 1-8 常用铣床附件

(a) 分度头；(b) 平口钳；(c) 万能铣头；(d) 回转工作台

（2）上述常用铣床附件的主要作用。

①分度头：在铣削加工中，常会遇到铣六方、齿轮、花键和刻线等工作。这时，就需要利用分度头分度。因此，分度头是万能铣床上的重要附件。

②平口钳：平口钳是一种通用夹具，经常用其安装小型工件。

③万能铣头：在卧式铣床上装上万能铣头，不仅能完成各种立铣的工作，而且还可以根据铣削的需要，把铣头主轴扳成任意角度。铣床主轴的运动通过铣头内的两对锥齿轮传到铣头主轴上。铣头的壳体可绕铣床主轴轴线偏转任意角度。铣头主轴的壳体还能在铣头壳体上偏转任意角度。因此，铣头主轴就能在空间偏转成所需的任意角度。

④回转工作台：回转工作台又称为转盘、平分盘、圆形工作台等。它的内部有一套蜗轮蜗杆。摇动手轮，通过蜗杆轴，就能直接带动与转台相连接的蜗轮转动。转台周围有刻度，可以用来观察和确定转台位置。拧紧固定螺钉，转台就固定不动。转台中央有一孔，利用它可以方便地确定工件的回转中心。当底座上的槽和铣床工作台的 T 形槽对齐后，即可用螺栓把回转工作台固定在铣床工作台上。铣圆弧槽时，工件安装在回转工作台上，铣刀旋转，用手均匀缓慢地摇动回转工作台而使工件铣出圆弧槽。

第四节　工件的装夹方法

在铣床加工中能够使用的一般多采用平口钳来装夹；对不能使用平口钳则多采用直接用压板装夹。在成批量生产中，为提高生产效率和保证加工质量，应采用专用铣床夹具来装夹。

一、平口钳

平口钳是最常用来装夹工件的附件。铣削时能用平口钳都用平口钳来装夹。

（一）平口钳的结构

常用的平口钳有回转式和非回转式两种。图 1-9 所示为回转式平口钳。

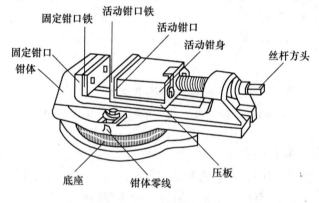

图 1-9　回转式平口钳

（二）平口钳的规格

普通平口钳的规格按钳口铁的宽度而定，有 4in（101.6mm）、5in（127.0mm）、6in（152.4mm）等。

二、平口钳装夹工件的方法

（一）安装和校正平口钳

1. 安装平口钳

首先用干净棉纱或碎布擦净钳底面和铣床工作台面。当在粗加工或加工余量比较大时，还有当工件高出平口钳钳口比较多时，应该使铣削力指向稳定牢固的固定钳口，并且要使加工的方向也跟铣床进给方向垂直。如图 1-10 所示，无论将铣床上钳口方向与进给方向垂直或平行，安装好平口钳，都应对固定钳口进行校正。

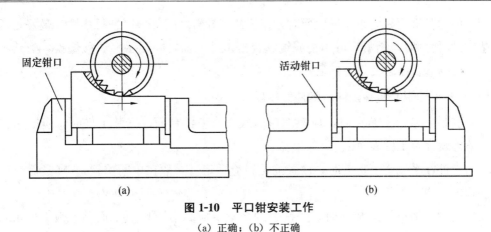

图 1-10　平口钳安装工作

(a) 正确；(b) 不正确

2. 固定钳口的校正

（1）用划针校正固定钳口的钳口铁长度方向与铣床 X 轴轴线平行，常用于粗校正。

（2）用 90°角尺校正固定钳口的钳口铁长度方向与铣床 Y 轴轴线平行，常用于粗校正。

（3）常用的方法是一次用百分表校正固定钳口与铣床主轴（X 或 Y）轴线垂直或平行。

当工件或机床被震动过，要加工较精密的工件时，可用百分表对固定钳口位置再进行校正核定。校正时，将磁性表座吸在铣床套筒上，安装百分表，使表的测量杆与固定钳口铁平面垂直，测量触头触到钳口铁平面，测量杆压缩 0.3～0.5mm，移动工作台（X 或 Y 轴），观察百分表读数，在固定钳全长范围内的两端读数差在 0.03mm 内，则固定钳口与铣床主轴（X 或 Y 轴）轴线垂直或平行。轻轻用力紧住钳体，进行复检合格后，用力紧固钳体。

在万能立式摇臂铣床上校正固定钳口，一般的方法是将磁性表座吸在压下来的套筒上或用 8mm 的铣夹头夹住使用杠杆表，移动工作台（X 或 Y 轴）进行校正。

（二）工件在平口钳上的装夹

（1）毛坯件的装夹应选择一个大而平整的面做为粗基准面，靠到固定钳口面上。在钳口和工件毛坯面间为防损伤钳口应垫铜皮，轻夹工件，目测或用划针盘校正毛坯上平面位置，符合要求后夹紧工件。

（2）已经粗加工的工件的装夹。选择工件上一个较大的粗加工表面做基准面，靠向固定钳口面进行装夹。夹紧时可在活动钳口与工件放置一圆棒，圆棒要与钳口上平面平行，在钳口夹持工件部分高度的中间偏上位置平放。以保证工件的基准面与固定钳口面很好地贴合，见图 1-11。

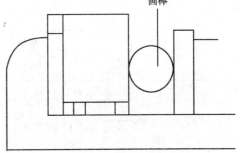

图 1-11　工件的装夹方法

　　当工件的基准面靠向钳体导轨面时，在工件与导轨之间要垫以平行垫铁（最好是两块等高垫铁），使用时，稍紧后可用铝或铜锤轻击工件上面，并用手轻试移垫铁，当其不松动时，工件与垫铁贴合良好，然后夹紧。

（三）在平口钳上装夹工件时的注意事项

　　（1）安装平口钳上装夹时，应擦净钳座底面、工作台面；安装工件时，应擦净钳平面、钳体导轨面及工件表面。

　　（2）工件在平口钳上装夹时，放置的位置应适当（一般在中间位置），夹紧后钳口的受力应均匀。

　　（3）工件在平口钳上装夹时，待铣去的余量层应高出钳口上平面（一般 2～5mm），铣削时注意铣刀不接触钳口。

　　（4）用平行垫铁装夹工件时，所选垫铁（高度方向尽可能用单块，不得已才使用两块或多块）其平面度、平行度都应符合要求。垫铁一般多使用铸铁材料或淬硬过的钢铁。

三、用压板装夹工件

　　当工件不便于用平口钳装夹时，常用压板压紧工件在铣床工作台上进行加工。用压板装夹工件，现在在社会模具厂的模具加工时，一般较大的 A 板、B 板等都需要用压板装夹。

（一）用压板装夹工件的方法

　　在铣床上用压板装夹工件，主要有压板、垫铁、T 形螺栓（或 T 形螺母）及螺母等。在买机床时一般厂家都配送万能压板。现在的万能压板使用很方便，它能适应不同高度的工件使用。

　　使用压板夹紧工件时，应选择两块以上的压板，压板的一端搭在万能脚架上，搭的高度应等于或略高于工件被压紧部位的高度，中间螺栓到工件的距离应略小于螺栓到万能脚架间的距离。使用压板时，螺母和压板平面之间应垫圈，见图 1-12（a）（基本上垫铁都换成万能脚架）。

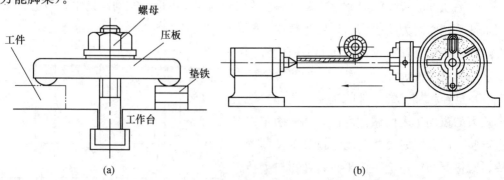

(a)　　　　　　　　　　　　　　　　(b)

图 1-12　工件在铣床上常用的安装方法 I

（a）用压板、螺钉安装工件；（b）用分度头安装工件

（二）用压板装夹工件时的注意事项

（1）用压板对已加工平面压紧时要垫铜片以免压伤，压板的位置要安排得当，压点要靠近切削面，压力大小要适合。粗加工时，压紧力要大，以防止切削中工件移动；精加工时，压紧力要合适，注意防止工件发生变形。

（2）工件如果放在垫铁上，要检查工件与垫铁是否贴紧了，若没有贴紧，必须垫上铜皮或纸，直到贴紧为止。

（3）压板必须压在垫铁处，以免工件因受压紧力而变形。

（4）安装薄壁工件，在其空心位置处（或有悬空现象），可用活动支撑（千斤顶等）增加刚度。

（5）工件压紧后，要用划针盘复查加工线（有已加工基准面时可用百分表校正）是否仍然与工作台平行，避免工件在压紧过程中变形或走动。

四、用分度头安装工件

工件需要等分时，就用分度头安装。方法是分度头卡盘（或顶尖）与尾架顶尖一起使用安装轴类零件，如图 1-12（b）所示。也可以利用分度头在水平、垂直及倾斜位置安装工件，如图 1-13 所示。

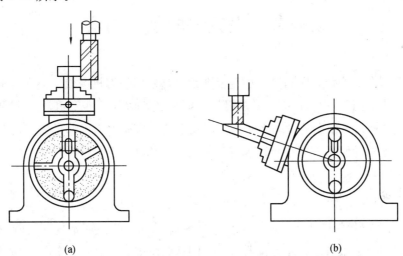

(a)　　　　　　　　　　　　　　　　　　　(b)

图 1-13　工件在铣床上常用的安装方法 Ⅱ

（a）分度头卡盘在垂直位置安装工件；（b）分度头卡盘在倾斜位置安装工作

其他的装夹方法如将一台三爪卡盘用压板固定好加工成批的轴套零件等等。

五、校正平口钳、装夹工件技能训练

（一）校正平口钳练习（在立式铣床上）

（1）用划针或 90°角尺粗校正固定钳口。

立铣刀上用黄油粘一大头针（最好使用时弯成 90°像划针样）。用针头校正固定钳口。然后轻轻紧固钳体。

（2）用百分表校正。

取下划针，安装百分表或杠杆表；用百分表校正固定钳口与铣床主轴轴线垂直，在钳口全长范围内的两端读数差在 0.03mm 内。

（二）装夹工件练习

（1）用平口钳装夹工件。

①擦净钳平面、钳体导轨面及工件表面，然后放置垫铁；

②安装工件，轻轻夹紧；

③用铜锤或铝锤轻敲工件上面，使工件与垫铁紧贴，夹牢工件。

④检查垫铁应不松动，如松动则继续敲击。

（2）用压板装夹工件。

①工件为已加工长方体。选择适用的万能压板配套工件。

②安装螺栓、压板、垫圈和螺母。

③用压板压紧工件。

第五节　立铣刀的手工刃磨

一般情况现在数控铣（电脑锣）小直径立铣刀都采用磨刀机磨成。但在普通的立式铣床加工中，为了提高工作效率或只是在粗加工时一般都采用手工刃磨，特别是直径大于 12mm 的四刃立铣刀。根据笔者多年的经验以及走访多家企业有经验的铣工师傅，虽然各有技巧，但基本的原则都大同小异，现将磨刀的步骤总结如下：

一、修整砂轮

磨刀前，需对砂轮进行检查，如果发现砂轮有跳动、圆柱面不规则、圆角过大等情况，需进行修整。一般可用砂轮修正器械（金刚石修整器、齿片修整器等）对砂轮的圆柱面进行修整，亦可用磨粒硬度相对较大的废旧砂轮修整。如果砂轮侧平面不平整，可更换砂轮片。

二、立铣刀端面刃磨

第一步　磨平端面

不管多少刃的立铣刀，首先将刀刃端与垂直轴线磨平，这是保证刀刃最高点在同一平面的关键。校正刀刃端面相对于铣刀轴线的垂直度有如下方法：

1. 目测

可借助一平板，将立铣刀刀刃朝下放在平板上，观察左右的倾斜角度，然后把铣刀旋转180°再观察左右倾斜角度，若同一方向上两次观察的倾斜角不同，则需修磨，直至同一方向上两次观察的倾斜角相同为止。然后再把铣刀旋转90°，重复以上动作（见图1-14）。

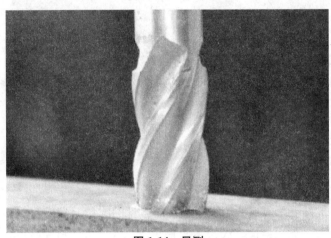

图1-14 目测

2. 用直角尺校正

在一平板上用90°直角尺校正。铣刀放平后观察铣刀与直角尺之间是否有间隙或间隙是否均匀，这样就可以判断它们的垂直度（见图1-15）。

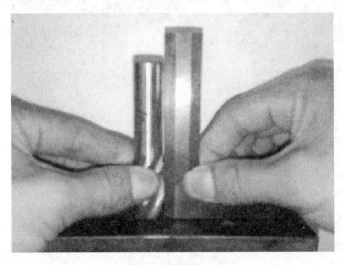

图1-15 用直角尺校正

3. 自校正

可将立铣刀夹在钻床或铣床夹头上，下面放一废旧砂轮片，选择适当转速开启机床，然后下移铣刀在砂轮片上磨削，根据端面磨削情况进行修磨（见图1-16）。

图 1-16　自校正

第二步　开十字槽

如果四刀刃立铣刀端面前部圆槽没了，就用砂轮的圆角处角沿着铣刀的螺旋槽重开十字槽深 1～2mm 左右（太深易崩，太浅不易磨出副后角，见图 1-17），开槽时注意砂轮侧面不要碰到下面的另一个刀刃口（注：十字槽有利于排屑的作用，但有些师傅也没有开，此时向中间凹进去的刃倾角要大一些）。

图 1-17　开十字槽

第三步　刃磨端面切削刃

(1) 分别刃磨每一个刃的时候以每一刃的尖为基准，以保留刃尖为原则，修磨前角（没崩可以不磨）、后角、副后角（如果是大切削量需要较好的强度，建议修磨刀前面加大刀刃楔角）及刃倾角。

（2）有关角度的选择是后角 6°～8°、副后角 30°～45°、刃倾角 1°～3°。后角的选择是根据工件的硬度而改变，愈硬角度就小些；刃倾角的角度选择原则是四个刃都必须向中间凹进去，角度愈平则粗糙度会好一些，这时加工深度愈深（如大于 2mm，但要在许可范围）粗糙度反而会更好，因为是整条切削刃都参与切削了（有关参数可参阅其他资料，这里不再一一赘述）。

（3）完成后找一平台，将铣刀立起来，如果轴线垂直，所有刀刃尖都能一点到点，刀刃的偏角对中均匀，那基本可以了。

这时同样可以借助在一平板上用 90°直角尺校正（见图 1-15），将铣刀放平后观察铣刀与直角尺之间是否有间隙或间隙是否均匀，一般先观察高的两个对面的脚（先触底的那两个），如果不垂直就磨高的那个脚，磨至两对面脚一样高（即垂直），这时这两个脚与另外两个对面的脚有高度差就会摆动，就两个高的同时磨低下去，一样的道理旋转 90°再观察另外两个对面的脚的垂直度，最终四个脚同时到底并且垂直。完成后的铣刀如图所示（见图 1-18）。

图 1-18 手工刃磨好的铣刀

手工刃磨出的刀刃高低及各角度不容易把握，一般因人而异，注意磨出一点后角就可以了，顶部刃不平的话只可以刀尖最高，如果不是加工内腔清角的产品，把刀尖倒一点 0.2mm 以上角，增加刀尖强度。

三、主刃（即侧刃）的刃磨

如果立铣刀主刃磨损，就要在的砂轮（直径小点更好）上沿螺旋线修磨（初学者很难磨好）一般都有锥度，锥度愈小手艺愈好。

四、立铣刀的刃磨练习

练习时用废旧铣刀单一个刃练起，老师示范。

第六节　常用量具及其使用

一、几个常用测量原则

为了减小测量误差，提高测量精度，在进行精密测量时常要求遵循一些测量原则，以下介绍几个常用测量原则。

1. 阿贝测长原则

长度测量时需要计量器具的测量头或量臂移动，如游标卡尺、千分尺，其活动部件移动方向的正确性通常靠导轨保证。导轨的制造与安装误差（如直线度误差及配合处的间隙）会造成移动方向的偏斜。为了减小这种方向的偏斜对测量结果的影响，1890 年德国人艾恩斯特·阿贝（Ernst Abbe）提出了以下指导性原则：在长度测量中，应将标准场地度量（标准线）安放在被测长度量（被测线）的延长线上，这就是阿贝测长原则。也就是说，量具或仪器的标准量系统和被测尺寸应成串联形式。若为并联排列，则该计量器具的设计，或者说其测量方法原理不符合阿贝原则。游标卡尺便是这样，会因此产生较大的误差，可称阿贝误差。万能测长仪测量头是按阿贝测长原则设计的，常称阿贝测长头。千分尺的结构，若忽略读数装置的直径，也符合阿贝测长原则。

2. 最短测量链原则

测量时，测量链中各组成环节的误差对测量的结果有直接的影响（误差传递系数通常为1），即测量链的最终测量误差是各组成环节误差的累积值。因此，尽量减少测量链的组成环节可以减小测量误差，这就是最短测量链原则。

3. 圆周封闭原则

在圆周分度器件（如刻度盘、圆柱齿轮等）的测量中，利用在同一圆周上所有夹角之和等于 360°，即所有夹角误差值等于零这一自然封闭特性，在没有更高精度的圆分度基准器件情况下，采用"自检法"也能达到高精度测量目的。

二、常用量具

（一）游标量具

常用的游标量具有游标卡尺、高度游标卡尺、深度游标卡尺、齿厚游标卡尺和游标万能角度尺等。

1. 游标卡尺

游标卡尺可用来测量长度、厚度、外径、内径、孔深和中心距等。游标卡尺的精度有 0.1mm、0.05mm 和 0.02mm 三种。游标卡尺的测量范围较大，最大可达 1m 以上，常用的为 150mm、300mm 等。

（1）游标卡尺的结构。游标卡尺的式样很多，常用的如图 1-19 所示。它主要由尺身、游标、内量爪、外量爪、深度尺和紧固螺钉等部分组成。

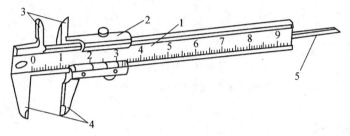

图 1-19 游标卡尺

1—主尺；2—游标；3、4—量爪；5—深度尺

（2）游标卡尺的刻线原理。游标卡尺的尺身和游标上都有刻线，测量时配合起来读数。当尺身上的量爪与游标上的量爪并拢时，尺身的零线与游标的零线对齐。尺身的刻线每 1 格的长度为 1mm。游标的刻线随卡尺精度不同而异。0.02mm 精度游标卡尺的游标刻线总长为 49mm，等分 50 格，每格长度为 0.98mm。尺身 1 格与游标 1 格长度之差为 1mm－0.98mm＝0.02mm。

0.01mm 和 0.05mm 两种规格的读数原理这里就不叙述。

（3）游标卡尺的读数方法。识读游标卡尺读数的步骤：

①先读出游标上零刻线左面尺身上刻线的整毫米数。

②辨识游标上从零线开始第几条刻线与尺身上某一条刻线对齐，先读多少十位的"丝"，再读个位数的"丝"（先掌握"2、4、6、8 个"丝"的读法）。

③把三部分读数相加，即为测得实际尺寸，见图 1-20。

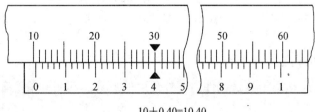

10＋0.40＝10.40

图 1-20 游标卡尺的读数

2. 深度游标卡尺

深度游标卡尺（图 1-21）是游标卡尺的一种，用来测量孔的深度、槽的宽度、实体不

同表面的高度差等。非常实用，它的刻线原理与游标卡尺相同，其识读方法也完全一样。

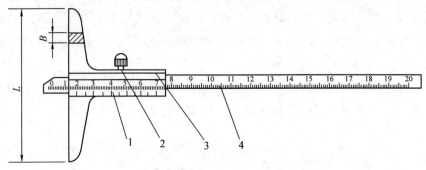

图 1-21　深度游标卡尺

1—游标；2—紧固螺钉；3—尺框；4—尺身

3. 带表游标卡尺

带表游标卡尺（图 1-22）是通过机械传动系统将两测量爪相对移动转变为指针的回转运动，并借助尺身刻度和指示表，对两测量爪相对移动所分隔的距离进行读数的一种长度测量工具。

带表游标卡尺的测量精度为 0.01mm、0.02mm、0.05mm，测量范围可至 300mm。

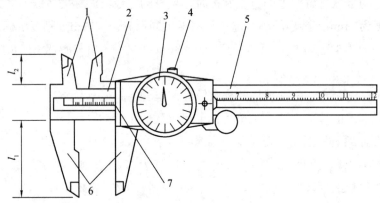

图 1-22　带表卡尺

1—内爪；2—游标；3—读数表；4—紧固螺钉；5—主尺；6—外爪；7—读数部位

4. 游标万能角度尺

游标万能角度尺是用于测量工件内、外角度的量具。其测量精度有 $2'$ 和 $5'$ 两种，测量范围为 $0°\sim320°$。

（1）游标万能角度尺的结构。游标万能角度尺（图 1-23），主要由尺身、直角尺、游标、基尺、直尺、卡块和制动器等组成。基尺随尺身可沿游标转动，转到所需角度时，再用制动器锁紧。卡块将直角尺和直尺固定在所需的位置上。

（2）$2'$ 游标万能角度尺的刻线原理和读数方法，尺身刻线每格为 $2'$，故其测量精度为 $2'$。

游标万能角度尺的读数方法与游标卡尺的读数方法基本相同。

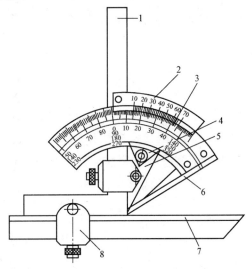

图 1-23　游标万能角度尺

1—直角尺；2—游标；3—主尺；4—制动头；5—扇形板；6—基尺；7—直尺；8—卡块

（3）游标万能角度尺测量分段。游标万能角度尺的测量范围 0°～320°共分 4 段：0°～50°、50°～140°、140°～230°、230°～320°。各测量段的直角尺、直尺位置配置和测量方法不同。

（二）千分尺

千分尺是测量中最常用的精密量具之一。千分尺的种类较多，按其用途不同分为外径千分尺、内径千分尺、深度千分尺和公法线千分尺等。千分尺的测量精度为 0.01mm。

外径千分尺的结构：

常用外径千分尺的结构如图 1-24 所示。

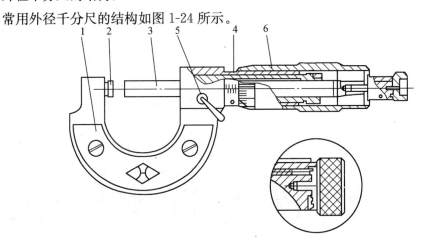

图 1-24　外径千分尺

1—测量座；2—固定测头；3—活动测头；4—固定套管；5—锁紧销；6—微分筒

（三）百分表

百分表是一种指示式测量仪，测量精度为 0.01mm，当测量精度为 0.001mm 或 0.005mm 时，称为千分表。

1. 百分表的结构原理

百分表的外形及其结构原理如图 1-25 所示。其传动原理是：测量杆 1 向上移动时，杆上的齿条推动小齿轮 2 转动，与小齿轮同轴的大齿轮 3 也随之转动，通过中间小齿轮 4 使大齿轮 6 转动，与中间小齿轮同轴的长指针 5 和与大齿轮 6 同轴的短指针 8 随之转动，指示读数。涡卷弹簧 7 的作用是使整个传动系统中的齿条、齿轮在啮合时靠向一侧，以消除啮合间隙所引起的传动（测量）误差。百分表不测量时，挂在测量杆上的弹簧使系统复位。

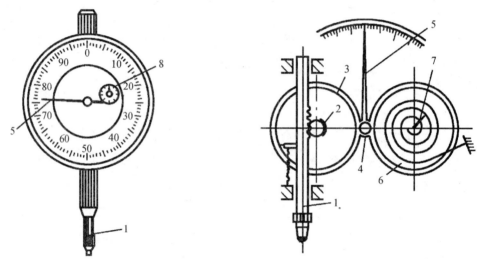

图 1-25　百分表及其结构原理

1—测量杆；2—小齿轮；3、6—大齿轮；4—中间小齿轮；5—长指针；7—涡卷弹簧；8—短指针

2. 百分表的刻线原理及读数方法

百分表测量杆上齿条的齿距为 0.625mm，小齿轮的齿数为 16，两大齿轮的齿数均为 100，中间小齿轮的齿数为 10。当测量杆向上运动 10mm 时，齿条移动 16 个齿距（0.625mm×16＝10mm），齿条推动小齿轮转动 1 周，大齿轮也转动 1 周，中间小齿轮将转 10 周，与中间小齿轮轴的长指针也转 10 周。由此可知，当测量杆上升 1mm 时，长指针转 1 周。百分表刻度盘上周向共等分 100 格，所以长指针每转 1 格，测量杆移动量为 0.01mm。故百分表的测量精度为 0.01mm。长指针转 1 周，短指针在小刻度盘上转 1 格，也就是测量杆移动 1mm。

使用百分表进行测量时，应先使长指针对准零位。测量时短指针转过的格数为整毫米数，长指针转过的格数即为不足 1mm 的小数部分（图 1-26）。

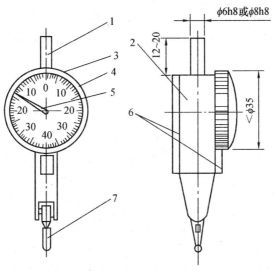

图 1-26 杠杆百分表

1—夹持杆；2—表体；3—表盘；4—表圈；5—指针；6—燕尾；7—杠杆测头

3. 百分表的测量范围

百分表的测量范围是指测量杆的最大位移量，常用的有 0～3mm、0～5mm 和 0～10mm 三种。

4. 内径百分表

精密测量内孔使用内径百分表（图 1-27）。

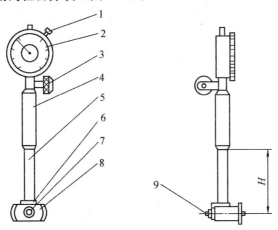

图 1-27 内径百分表

1—制动器；2—百分表；3—锁紧装置；4—手柄；5—直管；6—主体；7—活动测头；8—定位护桥；9—可换测头

(四) 90°角尺、刀口形直尺、塞尺

1. 90°角尺

90°角尺（图 1-28）用来检测工件相邻表面的垂直度。90°角尺由尺座与尺苗组成，测

量时，使尺座内侧面或外侧面贴紧被测工件的基准面，尺苗内侧面或外侧面紧靠工件被测表面，观察其间透光缝隙的大小，判断工件相邻表面间的垂直度误差。

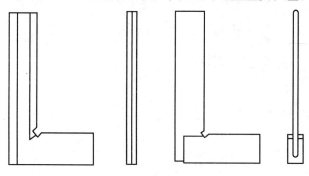

图 1-28　刀口形角尺及宽座角尺

测量时，90°角尺不能前后、左右歪斜，尺座、尺苗不能倒置，以免影响检测结果的正确性。

2. 刀口形直尺

刀口形直尺（图 1-28）是用来检测工件平面的直线度和平面度的。刀口形直尺的刀口（棱边）直线度的精度很高，刀口要紧贴工件被测平面，然后观察平面与刀口之间的透光缝隙大小，若透光细而均匀，则平面平直。

检测平面的平面度时，除沿工件的纵向、横向检查外，还应沿对角线方向检查。

3. 塞尺

塞尺（图 1-29）是由一套不同厚度的薄钢片组成的测量工具，每片钢片上都标明了厚度尺寸。塞尺主要用来检测两个结合面之间的间隙大小，也可配合 90°角尺测量工件相邻表面间的垂直度误差。

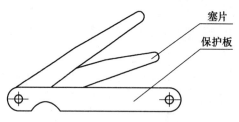

图 1-29　塞尺（或叫厚薄规）

三、测量技能训练

1. 用游标卡尺测量练习

放松固定螺钉，用棉纱擦净测量面和移动面，检查有无缺陷，左手持工件，右手握卡尺，合拢卡爪，透光检查两测量面间有无缝隙，在合拢卡爪的情况下，检查刻度的零点是否对齐；测量外形尺寸大的工件，将工件放在平板或工作台面上，两手操作卡尺。量爪张开距离略大于被测工件尺寸，先将尺身上外量贴靠在被测工件的基准面上，然后用右手拇指轻推游标，使游标上外量爪贴靠在被测工件另一面上，读出尺寸数值。如要取下游标卡尺后再读数，则应先拧紧紧固螺钉固定游标。

测量时，应使量爪与工件表面接触正确，避免游标卡尺歪斜，影响测量数值的准确性。

2. 使用游标卡尺时的注意事项

（1）使用前应擦净量爪的测量面，将量爪合拢，检查游标零线是否与尺身刻线零线对齐。

（2）应擦净工件被测表面后再进行测量。

（3）不准用游标卡尺测量毛坯表面。

（4）不准将游标卡尺固定住尺寸对工件（相当于用作卡规）进行测量。

第七节　切削液

金属切削液在金属切削、磨削加工过程中具有相当重要的作用。实践证明，选用合适的金属切削液，能降低切削温度 60℃～150℃，降低表面粗糙度 1～2 级，减少切削阻力 15%～30%，成倍地提高刀具和砂轮的使用寿命。切削液能把铁屑和灰末从切削区冲走，因而提高了生产效率和产品质量。故它在机械加工中应用极为广泛。

一、切削液的作用

1. 冷却作用

在工件切削加工过程中，能及时并迅速地降低切削区的温度，即降低通常因摩擦引起的温升。温升会影响切削效率、切削质量及刀具寿命。充分浇注切削液能带走大量热量和降低温度，改善切削条件，起到冷却工件和刀具的作用。

2. 润滑作用

润滑作用。能减少切削刀具与工件间摩擦。润滑液能浸润到刀具与工件及其切屑之间，减少摩擦和粘结，降低切削阻力，保证切削质量，延长刀具寿命。

3. 冲洗作用

也即洗涤作用。使切屑或磨料粒子被冲洗而离开刀具和工件的加工区，以防它们相互粘结及粘附在工件、刀具和机床上妨碍刀具切削。在浇注切削液时，能把铣刀齿槽中和工件的切屑冲走，使铣刀不因切屑阻塞而影响铣削，也可以避免细小的切屑在刀刃和加工表面之间挤压摩擦而影响表面质量。

4. 防锈作用

具有一定的防锈性能，防止工件和机床生锈。还可部分取代工序间防锈。

上述的冷却、润滑、洗涤、防锈四个性能不是完全孤立的，它们既有统一的一面，又有对立的一面。如切削油的润滑、防锈性能较好，但冷却、清洗性能差；水溶液的冷却、洗涤性能较好，但润滑和防锈性能差。因此，在选用切削液时要全面权衡利弊。切削液是为了提高切削加工效率而使用的液体。切削过程中合理选择切削液，可减小切削过程中切削热、机械摩擦和降低切削温度，减小工件热变形粗糙度值，并能延长刀具使用寿命、提高加工质量和生产效率。

二、切削液的种类、性能和选用

1. 切削液的种类和主要性能

切削液根据其性质不同分成水基切削液和油基切削液两大类。水基切削液是以冷却为主、润滑为辅的切削液，包括合成切削液（水溶液）和乳化液两类。油基切削液的润滑性能较好，冷却效果较差。水基切削液与油基切削液相比润滑性能相对较差，冷却效果较好。慢速切削要求切削液的润滑性要强，一般来说，切削速度低于 30m/min 时使用切削油。

（1）乳化液。乳化液是由乳化油用水稀释而成的乳白色液体，乳化液把油的润滑性和防锈性与水的极好冷却性结合起来，同时具备较好的润滑冷却性，因而对于大量热生成的高速低压力的金属切削加工很有效。与油基切削液相比，乳化液的优点在于较大的散热性和清洗性，用水稀释使用而带来的经济性以及有利于操作者的卫生和安全而使他们乐于使用。实际上除特别难加工的材料外，乳化液几乎可以用于所有的轻、中等负荷的切削加工及大部分重负荷加工，乳化液还可用于除螺纹磨削、槽沟麻削等复杂磨削外的所有磨削加工，乳化液的缺点是容易使细菌、霉菌繁殖，使乳化液中的有效成分产生化学分解而发臭、变质，所以一般都应加入毒性小的有机杀菌剂。

（2）切削油。当刀具的耐用度对切削的经济性占有较大比重时（如刀具价格昂贵，刃磨刀具困难，装卸辅助时间长等）；机床精密度高，绝对不允许有水混入（以免造成腐蚀）的场合；机床的润滑系统和冷却系统容易串通的场合以及不具备废液处理设备和条件的场合，均应考虑选用油基切削液。

2. 切削液的选用

切削液应根据工件材料、刀具材料、加工方法和要求等具体条件，综合考虑，合理选用。

（1）粗加工时，切削余量大，产生热量多，温度高，而对加工表面质量的要求不高，所以应采用以冷却为主的切削液。精加工时，加工余量小，产生热量少，对冷却的作用要求不高，而对工件表面质量的要求较高，并希望铣刀耐用，所以应采用以润滑为主的切削液。

（2）铣削铸铁、黄铜等脆性材料时，一般不用切削液，必要时可用煤油、乳化液和压缩空气。

（3）使用硬质合金铣刀作高速切削时，一般不用切削液，必要时用乳化液，并在开始切削之前就连续充分地浇注，以免刀片因骤冷而碎裂。

铣削时，切削液的选用情况参见表 1-2

表 1-2　常用切削液的选用

加工材料	切削种类	
	粗加工	精加工
碳钢	乳化液、苏打水	乳化液（低速时 10%～15%，高速时 5%），极压乳化液、混合油、硫化油、肥皂水溶液等
合金钢	乳化液、极压乳化液	同上
不锈钢及耐热钢	乳化液、极压切削油 硫化乳化油 极压乳化液	氯化煤油 煤油加 25% 植物油 煤油加 25% 松节油和 20% 油酸、极压乳化液 硫化油（柴油加 20% 脂肪和 5% 硫磺），极压切削油
铸钢	乳化液、极压乳化液、苏打水	乳化液、极压切削油 混合油
青铜 黄铜	一般不用，必要时用乳化液	乳化液 含硫极压乳化液
铝	一般不用，必要时用乳化液、混合油	菜油、混合油 煤油、松节油
铸铁	一般不用，必要时用压缩空气或乳化液	一般不用，必要时用压缩空气或乳化液或极压乳化液

第八节　铣削运动和铣削用量

一、铣削的基本内容

铣削是铣刀旋转作主运动，工件或铣刀作进给运动的切削加工方法。铣削的主要特点是用旋转的多刃刀具来进行切削，所以效率较高，加工范围广。铣削是加工平面的主要方法之一。在铣床上使用各种不同的铣刀可以加工平面（水平面、垂直面、斜面）、台阶、沟槽等。使用分度装置可加工周向等分的花键、牙嵌轮、螺旋槽、齿式等。此外，在铣床上还可以进行钻孔、铰孔、铣孔和镗孔等工作。

铣削有较高的加工精密，其经济加工精度一般为 IT9～IT7，表面粗糙 Ra 值为 12.5～1.60μm。精细铣削时加工精度可达 IT5，表面粗糙度 Ra 值可达 0.20μm。

二、立式铣床的组成和运动

立式铣床的主要组成部件及其运动形式如图 1-30 所示。立铣头可以左右转动 45 度，从而扩大了工作范围。工作台、床鞍和升降台的调整运动及进给运动与卧式铣床完全相同。

立式铣床适于使用硬质合金端铣刀加工较大的平面，也可以使用各种带柄铣刀加工沟槽及台阶、端铣平面、铣键槽，铣燕尾槽、铣凸轮、使用立铣刀铣台阶及铣斜面，都是在立式铣床上实现加工的。

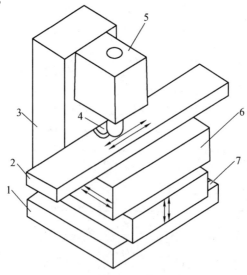

图 1-30　立式铣床的组成和运动

1—底座；2—工作台；3—立柱；4—主轴；5—立铣头；6—床鞍；7—升降台

二、铣削用量

铣削要素是指铣削时的切削要素。

铣削时的切削用量要素如图 1-31、图 1-32 所示，它包括：铣削速度 V_c、进给量 f、铣削深度 a_p（或 t）和铣削宽度 a_e（或 B）。

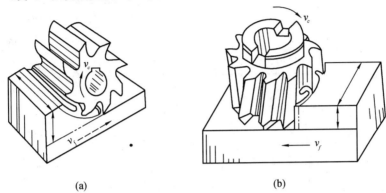

(a)　　　　　　　　　　　　　(b)

图 1-31　铣削时的切削用量要素

1—圆柱铣刀铣削；2—端铣刀铣削

1. 铣削速度 V_c

铣削时，切削刃选定点通常是指铣刀最大直径处切削刃上的一点。铣削时的切削速度则是该选定点的线速度，即切削刃上离铣刀轴线距离最大的点在 1 分钟内所经过的路程。铣削速度与铣刀直径、铣刀转速有关，计算公式为：

$$V_c = \frac{\pi d n}{1\,000}$$

式中，V_c 为铣削速度，m/min；

　　　d 为铣刀直径，mm；

　　　n 为铣刀或铣床主轴转速，r/min。

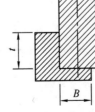

图 1-32　铣削深度 t 和铣销宽度 B

铣削时，根据工件材料、铣刀切削部分材料、加工阶段的性质等因素，确定铣削速度 V_c，见表1-3。然后根据所用铣刀规格（直径）按下列计算并确定铣床主轴的转速。$n = \dfrac{1\,000V_c}{\pi d}$

表1-3　铣削速度 V_c 的推荐值

加工材料	硬度 HB	铣削速度 V_c （m/min）	
		硬质合金	高速钢
低、中碳钢	<220	65～150	21～40
	225～290	54～115	15～36
	300～425	36～75	9～15
高碳钢	<220	60～130	18～36
	225～325	53～105	14～21
	325～375	36～48	9～12
	375～425	35～45	6～10
合金钢	<220	55～120	15～35
	225～325	37～80	10～24
	325～425	30～60	5～9
工具钢	200～250	45～83	12～23
灰铸铁	<220	110～115	24～36
	100～140	60～110	15～21
	150～225	45～90	9～18
	230～290	21～30	5～10
可锻铸铁	110～160	100～200	42～50
	160～200	83～120	24～36
	200～240	72～110	15～24
	240～280	40～60	9～21
镁、铝合金	95～100	360～600	180～300
不锈钢		70～90	20～35
铸钢		45～75	15～25
黄铜		180～300	60～90

2. 进给量 f

进给速度 V_f 或进给量 f。

进给速度是切削刃上选定点相对于工件的进给运动的瞬时速度，单位为：毫米/秒。

进给速度也可以用每齿进给量 f_z 或每转进给量 f 表示。

进给量是铣刀在进给运动方向上相对工件的单位位移量。铣削中的进给量根据具体情况的需要有三种表述和度量的方法：

（1）每齿进给量 f_z。

铣刀每转中每一刀齿相对工件在进给运动方向的位移量。单位为：mm/z。

（2）每转进给量 f。

铣刀每回转一周在进给运动方向相对工件的位移量。单位为：mm/r。

（3）每分钟进给量（即进给速度）V_f。

铣刀每回转 1min，在进给运动方向相对工件的位移量。单位为：mm/z。

$$V_f = fn = f_z z n \qquad (\text{m/min})$$

式中，V_f 为 每分钟进给量（即进给速度）V_f，m/min；

f 为每转进给量，mm/r；

n 为铣刀或铣床主轴转速，r/min；

f_z 为每齿进给量，mm/z；

z 为铣刀齿。

V_f 应根据零件的加工精度和表面粗糙度要求以及刀具和工件材料来选择。V_f 的增加也可以提高生产效率。加工表面粗糙度要求低时，V_f 可选择得大些。在加工过程中，V_f 也可根据具体情况进行人工调整，但是最大进给速度要受到设备刚度和进给系统性能等的限制（铣床铭牌表示的进给量以每分钟进给量表示）。

3. 铣削深度 a_p（或 t）

指在平行于铣刀轴线方向上测得的切削层尺寸，单位为：mm。

4. 铣削宽度 a_e（或 B）

指在垂直于铣刀轴线和工件进给方向测得的切削层尺寸，单位为：mm。

三、刀具的选择经验切和削用量的确定

1. 刀具选择经验

（1）工件加工区域越大，则刀具直径要求越大。尽可能使用大直径的刀具。刀具直径大则刀具钢性好，抵抗冲击力强，加工平稳。而且可增大吃刀量，提高进给速度。使加工效率大大提高。

（2）加工深度越深，刀具直径越大。

（3）加工钢料尽可能采用机夹式铣刀。此类刀具刚性好，耐磨，吃刀量大，加工效率高，而且较经济。

2. 合理选择切削用量的原则

因为影响刀具耐用度最大的是切削速度，进给量次之，背吃刀量（切削深度）的影响

最小。也就是说，当提高切削速度时，刀具耐用度降低的程度比增大同样倍数的进给量或背吃刀量（切削深度）时大得多。由于刀具耐用度降低，势必增加换刀或磨刀的次数，增加辅助时间，从而降低生产率。

粗加工时，一般以提高生产率为主，但也应考虑经济性和加工成本；半精加工和精加工时，应在保证加工质量的前提下，兼顾切削效率、经济性和加工成本。具体数值应根据机床说明书、切削用量手册，并结合经验而定。

综合考虑切削用量三要素对刀具耐用度、生产率和加工质量的影响，选择切削用量的顺序为：首先选尽可能大的背吃刀量（切削深度 a_p），其次选尽可能大的进给量 f，最后选尽可能大的铣削速度 V_c。

根据经验，一般取

铣削深度 a_p 为：$(5\% \sim 10\%) \times D$；

铣削宽度 B 为：$(60\% \sim 80\%) \times D$；

式中 D 为铣刀直径（单位 mm）。

实操训练

1. 熟悉安全文明生产（结合场地与机床）；

2. 认读游标卡尺、千分尺等；

3. 熟悉机床、手工刃磨立铣刀、校正平口钳等。

复习思考题

1. 什么是铣削？铣削有什么主要特点？

2. 铣削的经济加工精度可达多少？

3. 抄写《铣床安全操作规程》、《磨床安全操作规程》各一份（另附纸张）。

4. "博赛" X5325/Ⅲ 万能摇臂铣床的纵向、横向手动进给手柄每摇 1r，工作台移动 _____ mm，垂直手动进给手柄每摇 1r，工作台上升（或下降）_____ mm。

5. "南通" XJ6325 万能摇臂铣床的纵向、横向手动进给手柄每摇 1r，工作台移动 _____ mm，垂直手动进给手柄每摇 1r，工作台上升（或下降）_____ mm。

6. "博赛" X5325/Ⅲ 万能摇臂铣床主轴转速最低是 _____ r/min，最高是 _____ r/min，共 _____ 级。

7. "南通" XJ6325 万能摇臂铣床主轴转速最低是 _____ r/min，最高是 _____ r/min，共 _____ 级。

8. 解释下列机床型号的含义：X5325/Ⅲ。

9. 简述 "南通" XJ6325 万能摇臂铣床主轴变速的操作方法和注意事项。

10. 常用的铣刀切削部分材料有 _____ 和 _____ 两大类。

11. 切削过程中，工件上会形成三种表面，即 _____、_____ 和 _____。

12. 什么是涂层铣刀，它有何主要特点？

13. 在平口钳上装夹工件注意哪些事项？

14. 用压板装夹工件有哪些步骤？

15. 常用游标卡尺的精度有_____mm、_____mm 和_____mm 三种。

16. 游标量具是利用_____和_____刻线间_____原理制成的量具。

17. 读出下图所示游标卡尺的读数。

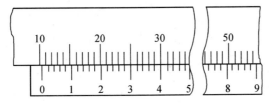

18. 什么叫阿贝测长原则？

19. 使用游标卡尺时注意哪些事项？

20. 切削液在切削过程中起_____、_____、_____、_____作用。

21. 粗加工时应采用以_____为主的切削液，精加工时应采用以_____为主的切削液。

22. 铣削用量的要素主要有_____、_____、_____和_____。

23. 铣削时，如何确定铣床的主轴转速 n？

课题二　平面、连接面的铣削

实训要求

　　要求能正确掌握在立式铣床上铣削平面和连接面的操纵方法，能分析产生质量问题的原因，采取相应的预防措施。

第一节　铣　平　面

一、平面及其铣削方法

　　本教材主要介绍立铣刀和硬质合金涂层刀片（俗称"飞刀"）加工平面的方法。

　　平面质量的好坏，主要从平面的平整程度和表面的粗糙程度两个方面来衡量，分别用形状公差项目平面度和表面粗糙度值来考核。这里介绍立式铣床上平面的铣削方法：

　　（一）立铣刀端铣是利用分布在铣刀端面上的刀刃来铣削并形成平面的

　　端铣使用端铣刀在立式铣床上进行，铣出的平面与铣床工作台台面垂直。

　　用端铣方法铣出的平面，也有一条条刀纹，刀纹的粗细（影响表面粗糙度值的大小）同样与工件进给速度的快慢和铣刀转速的高低等诸因素有关。

　　用端铣方法铣出的平面，其平面度大小，主要决定于铣床主轴轴线与进给方向的垂直度，若主轴轴线与进给方向垂直，铣刀刀尖会在工件表面铣出呈网状的刀纹；若主轴轴线与进给方向不垂直，铣刀刀尖会在工件表面铣出单向的古形刀纹，工件表面铣出一个凹面；如果铣削时进给方向是从刀尖高的一端移向刀尖低的一端，还会产生"拖刀"现象；反之，则可避免"拖刀"。因此，用端铣方法铣削平面时，应进行铣床主轴轴线与进给方向垂直度的校正。

　　铣床主轴轴线与工作台进给方向垂直度的校正：

　　（1）立铣头主轴轴线与工作台进给方向垂直度的校正（立铣头"零"位的校正，如图2-1所示）。

　　①用 90°角尺进行粗校正，校正时，将立铣头的套筒伸出足够长，将 90°角尺尺座底面

贴在工作台台面上，用尺苗外侧测量面靠向立铣头的套筒表面，观察其是否吻合或间隙上下是否均匀，确定立铣头主轴轴线与工作台台面是否垂直。检测时，应在工作台进给方向的平行和垂直两个方向上进行。

②用百分表进行校正，校正时，将角形表杆固定在立铣头主轴上，安装百分表，使百分表测量杆与工作台台面垂直。测量时，使测量触头与工作台台面接触，测量杆压缩0.3～0.5mm，记下表的读数，然后扳转立铣头主轴180度，也记下读数，其差值在300mm长度上应不大于0.02mm，检测时，应断开主轴电源开关，主轴转速挂在高速挡位置上。

③摇臂铣床的"零"位的校正，可以按上述方法进行，也可以利用铣头的套筒伸出足够的长度，上下摇动工作台来打表进行，另外也可以用一个大的直角尺或标准的直角块上下摇动套筒（钻孔动作）。

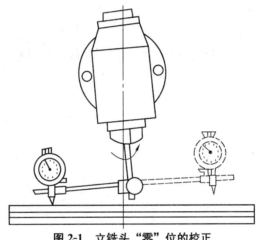

图2-1 立铣头"零"位的校正

（二）用硬质合金涂层刀片（俗称"飞刀"）加工平面

这种俗称"飞平面"的加工方法在企业中也是极为常见的方法，同样，加工前也要进行校正机床，基本上都采用高转速，不下切削液，利用高速切削时由铁屑带走大部分的热量，另外现在的涂层刀片就有散热的化学成分在里面。只是"飞粗"时如果是大刀量长期加工会影响机床的精度，这些要根据具体情况使用。

图2-2 硬质合金涂层刀

二、顺铣与逆铣

(一) 两种铣削方式

铣削有顺铣与逆铣两种铣削方式。

顺铣——铣削时，铣刀对工件的作用力在进给方向上的分力与工件进给方向（与已加工平面的切点切线方向）相同的铣削方式。

逆铣——铣削时，铣刀对工件的作用力在进给方向上的分力与工件进给方向（与已加工平面的切点切线方向）相反的铣削方式。

(二) 圆周铣时的顺铣与逆铣

1. 圆周铣顺铣的优缺点

（1）顺铣有下列优点：

①如图圆周铣顺铣时对工件起压紧作用，因此铣削时较平稳。对不易夹紧的工件及细长的薄板形工件尤为合适。

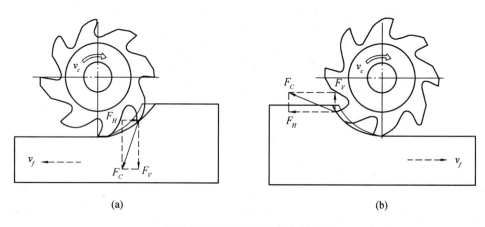

(a)　　　　　　　　　　　　(b)

图 2-3　圆周铣时的顺铣与逆铣

②铣刀刀刃切入工件时的切削厚度最大，并逐渐减小到零。刀刃切入容易，且铣刀后面与工件与加工表面的挤压摩擦小，故刀刃磨损慢，加工出的工件表面质量较高，消耗在进给运动方面的功率小。

（2）顺铣的缺点：

①顺铣时，刀刃从工件的外表面切入工件，因此当工件是有硬皮和杂质的毛坯件时，容易磨损和损坏刀具。

②顺铣时，水平方向的受力与工件进给方向相同，会拉动铣床工作台。当工作台进给丝杠与螺母的间隙较大及轴承的轴向间隙较大时，工作台会产生间隙性蹿动如图 2-4 所示，导致铣刀刀齿折断、工件与夹具产生位移，甚至机床损坏等严重后果。

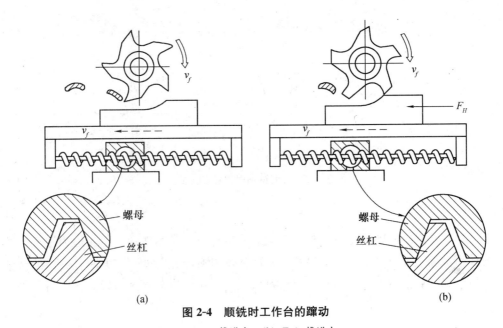

图 2-4　顺铣时工作台的蹿动

（a）F_H＜推进力；（b）F_H＞推进力

2. 圆周铣逆铣的优缺点

（1）逆铣有下列的优点：

①在铣刀中心进入工件端面后，刀刃沿已加工表面切入工件，铣削表面有硬皮的毛坯件时，对铣刀刀刃损坏的影响小。

②水平方向的分力与工件进给方向相反，铣削时不会拉动工作台。

（2）逆铣的缺点：

①逆铣时，圆周铣逆铣时垂直方向的分布力始终向上，对工件需要较大的夹紧力。

②逆铣时，在铣刀中心进入工件端面后，刀刃切入工件时的切削厚度为零，并逐渐增到最大，因此切入时铣刀后面与工件表面的挤压、摩擦严重，加速刀齿磨损，降低铣刀耐用度，工件加工表面产生硬化层，降低工件表面的加工质量。

③逆铣时，消耗在进给运动方面的功率较大。

3. 圆周铣时顺铣与逆铣的选择

在铣床上进行圆周铣时，一般都采用逆铣。由于顺铣也有诸多优点，当丝杠、螺母传动副有间隙调整机构，并将轴向间隙调整到较小（0.03～0.05mm）时，以及铣削不易夹牢和薄而细长的工件时，可选用顺铣。采用顺铣有利于防止刀刃损坏，可提高刀具寿命。但有两点需要注意：①如采用普通机床加工，应设法消除进给机构的间隙；②当工件表面残留有铸、锻工艺形成的氧化膜或其他硬化层时，宜采用逆铣。

（三）端铣时的顺铣与逆铣

端铣时，根据铣刀与工件之间的相对位置不同，分为对称铣削与非对称铣削两种。端铣也存在顺铣和逆铣现象，如图 2-5 所示。

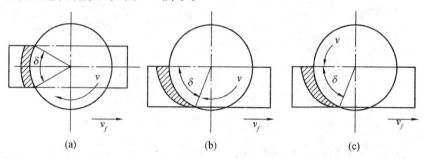

图 2-5　端面铣削时的铣削方式

(a) 对称铣削；(b) 逆铣；(c) 顺铣

（1）对称铣削。铣削宽度对称与铣刀轴线的端铣称为对称铣削，切入边为逆铣，切出边为顺铣。对称铣削，在铣削宽度较窄的工件和铣刀刀齿数较少，一方面各刀齿的铣削力使窄长的工件容易造成弯曲变形。所以，对称铣削只在铣削宽度接近铣刀直径时采用。一般情况不采用。

（2）非对称铣削。铣削宽度小于铣刀的直径时为非对称铣削，有非对称顺铣和非对称逆铣两种。

①非对称顺铣，铣削时，顺铣部分占的比例较大，铣刀各刀齿的铣削力与已加工平面的切点切线方向与进给方向相同，使工作和工作台发生蹿动。所以，端铣时一般都不采用非对称顺铣。只是在铣削塑性和韧性好、加工硬化严重的材料（如不锈钢、耐热合金等）时，采用非对称顺铣，以减少切削粘附和提高刀具寿命。此时，必须调整机床工作台的丝杠螺母副的传动间隙。

②非对称逆铣。铣削时，逆铣部分占的比例较大，铣刀各刀齿的铣削力与已加工平面的切点切线方向与进给方向相反，不会拉动工作台，且刀刃切入工作时切削厚度虽由薄到厚但不为零，因而冲击小，振动小。因此，端铣时应采取非对称逆铣。

（四）结论

在普通立式铣床上，粗加工因加工余量大，会拉动工作台，故尽量使用逆铣；精加工在加工余量比较小的时候，可以使用顺铣，这样表面光洁度相对较好，但注意锁紧另外的一条轴，必要时也将进给的这条轴稍微锁紧。

因数控铣床采用滚珠丝杆传动，轴向间隙较小（小于 0.04mm），故多数使用顺铣加工。

实操训练

1. 练习件准备

零件压板，材料 Q235 钢，毛坯板料尺寸 85mm×65mm×25mm。

2. 训练步骤

（1）读零件图。检查毛坯尺寸。

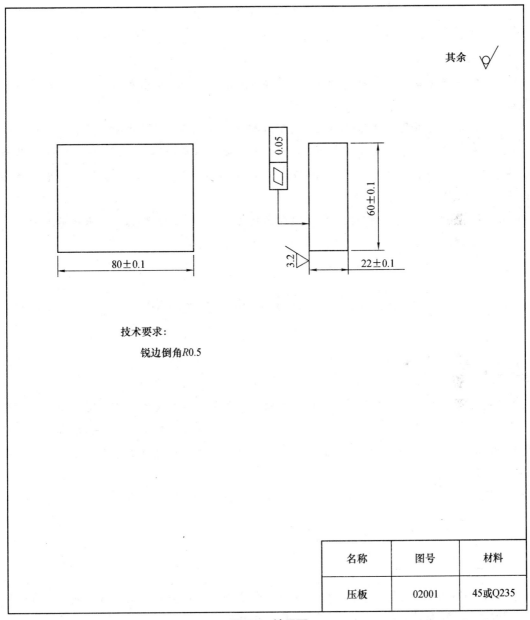

其余 ∨

0.05

60±0.1

80±0.1

3.2

22±0.1

技术要求：

锐边倒角R0.5

名称	图号	材料
压板	02001	45或Q235

图 2-6　铣平面

（2）安装平口钳，校正固定钳口的钳口铁长度方向与铣床 X 轴轴线平行。

（3）选择并安装铣刀（立铣刀 ϕ16mm）。

（4）选择并安装调整切削用量（取主轴转速 $n=660$r/min，切削宽度 $a_e=10$mm，切削深度 $a_p=1.0$mm）。

（5）安装并校正工件（应垫铜皮）。

（6）对刀调整铣削宽度，铣刀离开工件后进切削层深度1.0mm，手动（手动练熟悉之后才使用自动进给）进给铣削工件。

（7）铣削完毕后，停车、测量，如合格就降落工作台并退出工件。

3. 操作中的注意事项

（1）用平口钳装夹工件完毕，应取下平口钳扳手，才能进行铣削。

（2）调整铣削宽度时，若手柄摇过头，应注意释出丝杠与螺母间的间隙，以免尺寸出错。

（3）铣削中不准用手摸工件和铣刀，不准测量工件，不准变换进给速度。

（4）铣削中不准停止铣刀旋转和工作台自动进给，以免损坏刀具、啃伤工件。若因故必须停机，应先降落工作台，使工件与铣刀脱离接触，再停止工作台自动进给和铣刀旋转。

（5）进给结束后，工件不能立即在旋转的铣刀下退回，应先降落工作台后再退出。

（6）铣削时不使用的进给机构应紧固，工作完毕再松开。

第二节　铣垂直面和平行面

实训要求

与基准面连接相互垂直、平行或成任意角度倾斜的面（垂直面、平行面和斜面）需要加工时，应先加工基准面。基准面的加工是单一平面加工，一样需保证平面度和表面粗糙度要求，其他连接面的加工还需要保证相对于基准面的位置精度（垂直度、平行度和倾斜度等）以及与基准面间的尺寸精度要求。

本课题学习垂直面和平行面的铣削。斜面铣削将在下一课题中介绍。

一、垂直面的铣削

垂直面是指与基准面垂直的平面，这里只介绍用在立式铣床上用立铣刀或硬质合金涂层刀片铣垂直面的方法。

1. 用平口钳装夹进行铣削

用平口钳装夹铣垂直面，这种方法适宜加工较小的工件。利用固定钳口面与工作台面垂直，用立铣刀或硬质合金涂层刀片铣铣削上平面。达到上平面与固定钳口面垂直的要求，如图2-7所示。

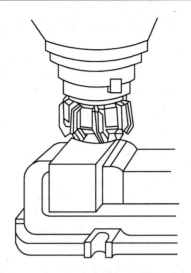

图 2-7　在立式铣床上用端铣刀铣垂直面

铣削时，影响垂直度的主要因素有下列几个方面：

（1）在固定钳口面与工作台面不垂直。造成的原因主要是平口钳使用过程中钳口的磨损和平口钳底座有毛刺或切屑。在铣削垂直直度要求较高的垂直面时，需要进行调整，方法如下：

①在固定钳口处垫铜皮或纸片。这种也是临时措施，但加工一批工件只需垫一次。

②在固定钳口处垫铜皮或纸片。垫物厚度是否准确可通过试切，测量后，再决定增添或减少。这种操作很麻烦，且不易垫准确，所以只是单件生产时的一种临时措施。

③校正固定钳口的钳口铁。校正时，用一块表面磨得很平整、光滑的平行铁，将其光洁平整的一面紧贴固定钳口，在活动钳口处放置一圆棒，将平行铁夹牢，再用百分表校验贴牢固定钳口的一面，使工作台作垂直运动。在上下移动 200mm 长度上，百分表读数的变动应在 0.03mm 以内为合适，如果读数变动量超出 0.03mm，可把固定钳口铁卸下，根据差值方向进行修磨到要求，如图 2-8 所示。

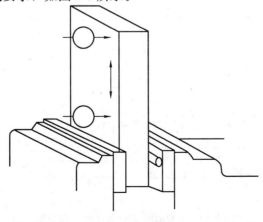

图 2-8　检查固定钳口

此外，安装平口钳时，必须去除平口钳底座的毛刺和把平口钳底面及工作台面擦拭干净。

（2）基准面没有与固定钳口贴合。造成的原因主要是工件基准面与固定钳口之间有切屑和工件的两对面不平行造成夹紧时基准面与固定钳口不是面接触而是呈线接触。措施是装夹时可在活动钳口处轧一圆棒，并应将钳口与基准面擦拭干净，如图2-9所示。

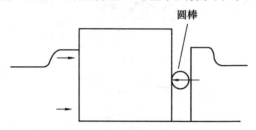

图 2-9　用圆棒来保证基准面与钳口贴合

（3）圆柱形铣刀的圆柱度误差大。当固定钳口安装成与主轴轴线垂直时，圆柱形铣刀如有锥度（刃磨成圆锥形），则铣出的平面与基准面不垂直。

（4）基准面的平面度误差大。影响工件安装时的位置精度。

（5）夹紧力太大，使固定钳口向外倾斜。夹紧力太大会使平口钳口变形，造成固定钳口面因外倾而与工作台面不垂直，这是产生垂直度误差的重要因素。尤其是在精铣时夹紧力不能太大，禁止用接长手柄夹紧工件。

2. 在立式铣床上用角铁装夹进行铣削

用角铁装夹铣垂直直面，适用于基准面比较宽而加工面比较窄的工件上垂直面的铣削。

3. 在立式铣床上用立铣刀进行铣削

对基准面宽而长、加工面较窄的工件，可以在立式铣床上用立铣刀加工，无论使用平口钳或压板都是利用立铣刀的圆柱度立铣刀主轴轴线（即立铣头的"零位"已校正好）与纵向进给方向的垂直度而达到铣削垂直面的要求。

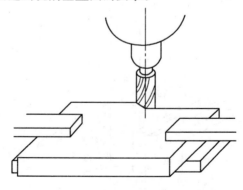

图 2-10　在立式铣床上用边铣削垂直面

影响垂直度的主要因素如立铣刀的圆柱度和立铣头的"零位"是否校正好。

4. 铣两端面

调整平口钳，使固定钳口与铣床主轴轴平行安装。面 1 靠向固定钳口，用 90°角尺（或百分表）校正工件面 2 与平口钳钳体导轨面垂直（图 2-12）。

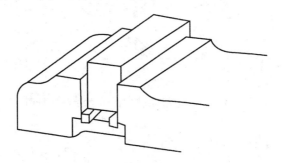

图 2-11 用台虎钳装夹铣平行面

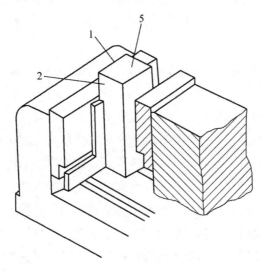

图 2-12 铣两端面

二、平行面的铣削

平行面是指与基准面平行的平面。铣削平行面除平行度、平面度要求外，还有两平行面之间的尺寸精度要求。铣削平行面，装夹时主要使基准面与工作台台面平行，因此在基准面与平口钳钳体导轨面之间垫两快厚度相等的平行垫铁。较厚的工件，最好垫上两条厚度相等的薄铜皮，以便检查基准面是否与平口钳导轨平行。

工件直接压在工作台台面铣平面，如图 2-13 所示。

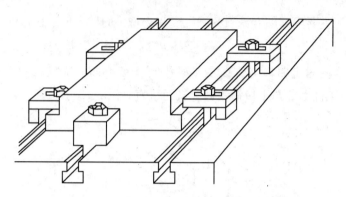

图 2-13　工件直接压在工作台台面上铣平行面

用这种装夹方法加工时，影响平行度的主要因素如下：

1. 基准面与平口钳钳体导轨面不平行

这是铣平行面质量差的主要原因。造成基准面与平口钳钳体导轨面不平行的原因如下：

（1）平行垫铁的厚度不相等。用于加工平行面的两块平行垫铁，为了保证厚度相等，应在平面磨床上同时磨出。

（2）平行垫铁的上下表面与工件基准面和平口钳钳体导轨之间有杂物。因此，在安放平行垫铁和装夹工件时必须将各相关表面擦拭干净。

（3）工件上与固定钳口相贴合的平面与基准面不垂直，装夹工件时，工件与固定钳口面紧密贴合，则基准面与平口钳钳体导轨面和铣床工作台面之间必然不平行。除保证与固定钳口相贴合的平面与基准面垂直外，在铣平面时，通常在活动钳口处放置圆棒。

（4）活动钳口与平口的钳钳体导轨间存在间隙，在夹紧工件时活动钳口受力上翘，使活动钳口一侧的工件随之上抬；此外，当铣刀在活动钳口一侧接触工件时，向上垂直的铣削分力也会使工件和活动钳口上抬；从而使工件基准面与平口钳导轨面不平行。因此，在装夹工件时，夹紧后须用铜质或木质锤轻轻敲击工件顶面，直到两平行垫铁的四端均没有松动现象为止。

2. 平口钳钳体导轨面与铣床工作台台面不平行

产生这种现象的原因是平口钳底面与工作台台面之间有杂物，以及平口钳钳体导轨面本身与底面不平行。因此，应注意清除毛刺和切屑，必要时需检查平口钳钳体导轨面与工作台台面间的平行度。

3. 立铣头的"零位"是否校正好

铣削平行面时，还需要保证两平行面之间的尺寸精度要求。在单件生产时，平行面的加工一般采取铣削—测量—再铣削的循环方式进行，直至达到规定的尺寸要求为止。因此，控制尺寸精度必须注意粗铣时切削抗力大，铣刀受力抬起最大，精铣时切削抗力小，铣刀受力抬起量小，在调整工作台上升距离时，应加以考虑。当尺寸精度要求较高时，应在粗铣与精铣之间增加一次半精铣（余量 0.5mm 为宜），再根据余量大小借助百分表调整工作台升高量。经粗铣或半精铣后测量工件尺寸一般应在平口钳上测量，不要卸下工件。

实操训练

用平口钳装夹工件，在卧式铣床上用圆柱形铣刀铣削长方体。

1. 读图 2-16、检查毛坯、确定基准面

（1）读图。看懂零件图样，了解图样上有关加工部位的尺寸标注、精度要求、表面形状与位置精度和表面粗糙度要求，以及其他方面的技术要求。

（2）检查毛坯。对照零件图样检查毛坯尺寸和形状，了解毛坯余量的大小。

（3）确定基准面。选择零件上较大的面或图样上的设计基准面作为基准面。这个基准面应首先加工，并用其作为加工其余各面时的基准面。加工过程中，这个基准面应靠向平口钳的固定钳口或钳体导轨面，以保证其余各加工面对这个基准面的垂直度、平行度要求。本题选择设计基准面 A 作为基准面。

2. 加工步骤

（1）铣基准面 A 平面。平口钳固定钳口与铣床主轴轴线垂直安装。以面 3 为粗基准，靠向固定钳口，两钳口与工件间垫铜皮装夹工件，铣面 1。见图 2-14 (a)。

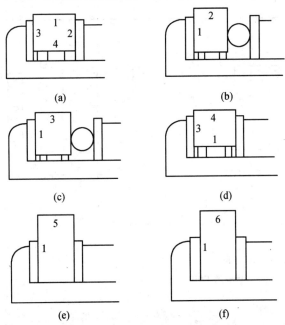

图 2-14　六面体的铣削顺序

（2）铣面 2。以面 1 为基准靠向固定钳口，在活动钳口与工件间置圆棒装夹工件，铣面 2。见图 2-14 (b)。

（3）铣面 3。仍以面 1 为基准装夹工件，铣面 3。见图 2-14 (c)。

（4）铣面4。面1靠向平行垫铁，面3靠向固定钳口装夹工件，铣面4。见图2-14（d）。

（5）铣面5。调整平口钳，使固定钳口与铣床主轴轴平行安装。面1靠向固定钳口，用90°角尺校正工件面2与平口钳钳体导轨面垂直，装夹工件，铣面5。见图2-14（e）。

（6）铣面6。面1靠向固定钳口，面5靠向平口钳钳体导轨面装夹工件，铣面6。见图2-14（f）。

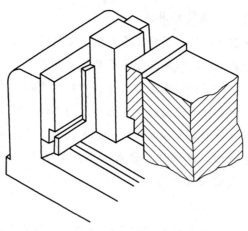

图2-15　铣两端面

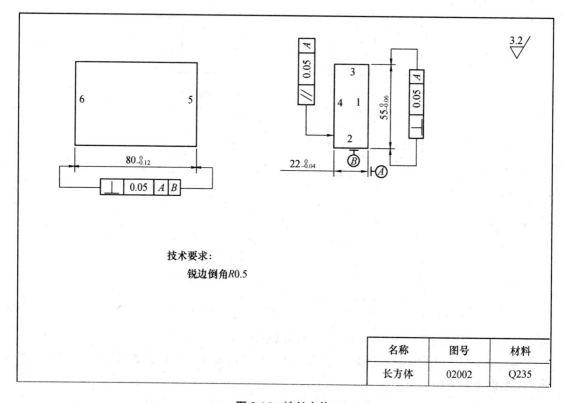

技术要求:

锐边倒角R0.5

名称	图号	材料
长方体	02002	Q235

图2-16　铣长方体

第三节　铣　斜　面

一、斜面及其铣削方法

（一）斜面及其在图样上的表示方法

斜面是指零件上的平面与基准面成任意一个倾斜角度，在图样上有两种表示方法：

1. 用倾斜角度 β 的度数（°）表示

主要用于倾斜程度大的斜面。如图 2-17（a）所示，斜面与基准面之间的夹角等于 $\beta=30°$。

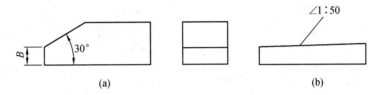

图 2-17　斜度的表示方法

2. 用斜度 S 的比值表示

主要用于倾斜程度小的斜面。如图 2-17（b）所示，在 50mm 长度上，斜面两端至基准面的距离相差 1mm，用"∠1：50"表示。斜度符号∠或\的下横线与基准面平行，上斜线的倾斜方向应与斜面倾斜方向一致，不能画反。

两种表示方法的相互关系为：

$$S=\tan\beta$$

式中，S 为斜度，用符号∠或\和比值表示；

β 为斜面与基准面之间的夹角，（°）。

（二）斜面的铣削方法

在铣床上铣斜面的方法有：工件倾斜铣斜面、铣刀倾斜铣斜面和用角度铣刀铣斜面三种。

（1）在立铣头不转动角度铣斜面时，可将工件倾斜所需角度进行铣削斜面。

常用的方法有以下几种：

①根据划线装夹工件铣斜面。单件生产时在工件上划出斜面的加工线，然后用平口钳装夹工件，用划线盘校正工件上所划加工线，然后用平口钳装夹工件，用划线盘校正工件上所划的加工线与工作台进给方向平行，用立铣刀或"飞刀"铣斜面，如图 2-18 所示。

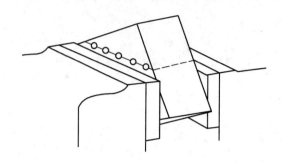

图 2-18　按划线铣斜面

②调转平口钳钳体角度装夹工件铣斜面，通过平口钳底座上的刻线将钳体调转到要求的角度，装夹工件，用立铣铣出要求的斜面，如图 2-19 所示

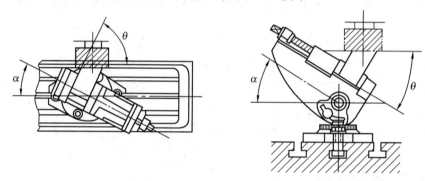

图 2-19　利用万能台虎钳铣斜面

③同倾斜垫铁装夹工件铣斜面。使用对应的倾斜垫铁使工件基准面倾斜，用平口钳装夹工件，铣出斜面，如图 2-20 所示，所用垫铁的倾斜程度需与斜面的倾斜程度相同，垫铁的宽度应小于工件的宽度（或加辅助铁块）。这种方法铣斜面，装夹、校正工件方便，倾斜垫铁制造容易，且铣削一批工件时，铣削深度不需要随工件更换而重新调整，适用于小批量生产。在大批量大量生产中，常使用专用夹具装夹工件铣斜面，以达到优质高产的目的。

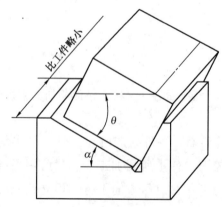

图 2-20　利用倾斜垫铁铣斜面

（2）把铣刀倾斜所需角度后铣斜面。在立铣头主轴可转动角度的立式铣床上，安装立铣刀或端铣刀，用平口钳或压板装夹工件，可以铣削要求的斜面。这种是其他方法不能使用时才用，因为要校正回铣头的"零位"比较麻烦。

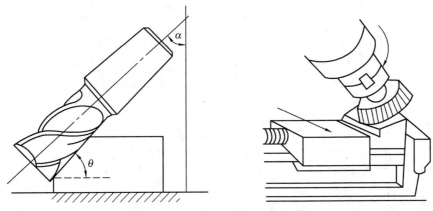

图 2-21　A 用立铣头摆角度铣斜面

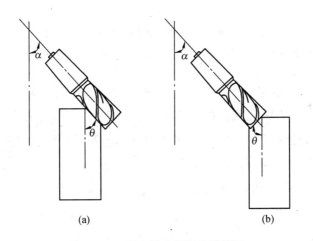

图 2-22　B 用立铣头摆角度铣斜面

（a）把铣刀转成角度 α；（b）把铣刀转成角度 $\alpha=90°$

（3）用角度铣刀铣斜面。宽度较窄的斜面，可用角度铣刀铣削。如图 2-23（c）所示。选择角度铣刀的角度应根据工件斜面的角度，所铣斜面的宽度应小于角度铣刀的刀刃宽度，这种加工方法类似成型刀的加工方法。

二、斜面其他铣削方法

铣削斜面的方法还有很多，下面介绍常用的几种方法（利用电子尺铣削斜面的方法在另外单元介绍）。

（1）使用倾斜垫铁铣斜面，如图 2-23（a）所示。在零件设计基准的下面垫一块倾斜的垫铁，则铣出的平面就与设计基准面成倾斜位置，改变倾斜垫铁的角度，即可加工不同角度的斜面。

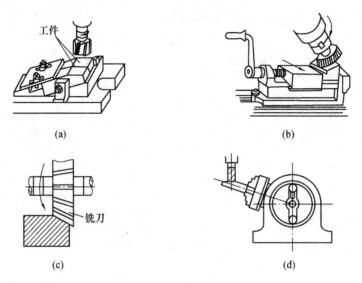

图 2-23　铣斜面的几种方法

(a) 用斜垫铁铣斜面；(b) 用万能铣头铣斜面；(c) 用角度铣刀铣斜面；(d) 用分度头铣斜面

（2）用万能铣头铣斜面，如图 2-23（b）所示。由于万能铣头能方便地改变刀轴的空间位置，因此我们可以转动铣头以使刀具相对工作倾斜一个角度来铣斜面。

（3）用角度铣刀铣斜面，如图 2-23（c）所示。较小的斜面可用合适的角度铣刀加工。当加工零件批量较大时，则常采用专用夹具铣斜面。

（4）用分度头铣斜面，如图 2-23（d）所示。在一些圆柱形和特殊形状的零件上加工斜面时，可利用分度头将工件转成所需位置而铣出斜面。

实操训练

步骤：

1. 铣削长方体 80mm×55mm×22mm。

2. 铣 30°斜面（如图 2-24 所示）。

（1）校正平口钳固定钳口与铣床 X 轴线平行。

（2）选择 $\phi16$ 立铣刀。

（3）装夹工件。

（4）调整铣削用量（取 $n=660$ r/min，切深分次适量）。

（5）调转立铣头角度 $\alpha=30°$。

（6）对刀铣削工件（对刀调整铣削深度 a_p 后紧固横向进给，用纵向进给分数次走刀铣出 30°斜面）。

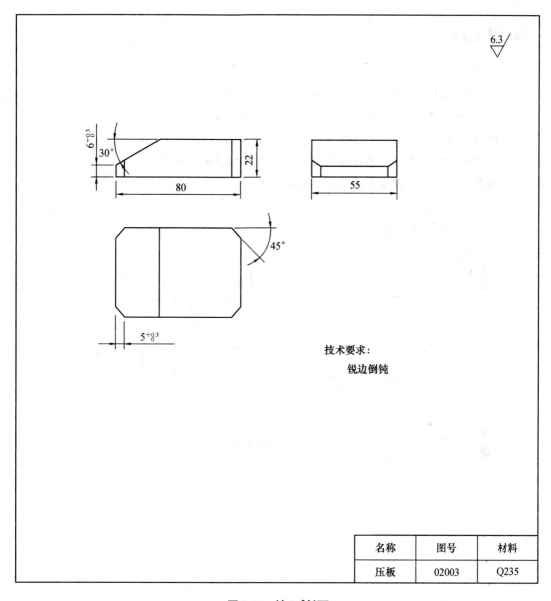

图 2-24　铣 30°斜面

4. 铣 45°斜面

(1) 继续使用直径 $\phi16$ 立铣刀。

(2) 校正立铣头角度 $\alpha=0°$。

(3) 将工件装出平口钳钳口合适长度。

(4) 对刀、分次调整铣削宽度，铣出 45°斜面。

(5) 分次装夹工件，铣出其余三个 45°斜面。

复习思考题

1. 用端铣方法铣出的平面，其平面度的大小主要取决于_____与_____的垂直度。

2. 什么叫顺铣、逆铣？铣削加工时，如何选择顺铣与逆铣？

3. 铣平面时，为什么要进行工作台的"零"位校正？

4. 铣削工件时，影响垂直度和平行度的主要因素有哪些？

5. 铣削长方体端面时，怎样保证端面与四周连接的平面垂直？

6. 加工如图所示长方体工件时，试确定：

(1) 定位基准面；

(2) 选用机床、夹具和刀具；

(3) 各面的加工顺序。

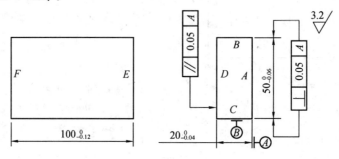

图 2-25　铣长方体

课题三 台阶、直角沟槽的铣削

实训要求

要求能正确掌握在立式铣床上铣削台阶、直角沟槽的操作方法，能分析产生质量问题的原因，采取相应的预防措施。

第一节 铣 台 阶

铣削台阶、直角沟槽是铣削加工很常见。图 3-1 所示为常见的带台阶的零件——台阶式键。

一、台阶、直角沟槽主要技术要求

台阶、直角沟槽主要由平面组成。这些平面必须满足下列技术要求：
(1) 较高的尺寸精度（根据配合精度要求确定）。
(2) 较高的位置精度（平行度、垂直度、对称度和倾斜度等）。

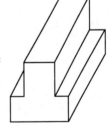

图 3-1 台式键

二、台阶的铣削方法

零件上的台阶，根据其结构尺寸大小不同，通常可在卧式铣床上用三面刃铣刀和在立式铣床上用端铣刀进行加工（本文重点介绍在立式铣床上用端铣刀或立铣刀加工的方法）。

（一）立铣刀加工的方法

1. 工件的装夹和校正

一般情况下工件可用平口钳装夹，尺寸较大的工件可用压板装夹，形状复杂的工件或大批量生产时可用专用夹具装夹。采用平口钳装夹工件时，应校正固定钳口与铣床主轴线垂直。装夹工件时，应使工件的侧面靠向固定钳口，使工作的底面靠向钳口导轨面，铣削的台阶底面应高出钳口（高出 2~3mm 最理想）的上平面，以免铣削中铣刀铣削钳口。

2. 铣削方法

工件装夹校正后，手摇各进给手柄，使回转中的铣刀的侧面刃擦着台阶侧面的贴纸，见图 3-2（a）；然后垂直降落工作台，见 3-2（b），横向移动工作台一个台阶宽度距离 B，并紧固横向进给；上升工作台，使铣刀的圆柱面刀刃擦着工件上表面的贴纸，如图 3-2（c）所示；手摇工作台纵向进给手柄，退出工件，上升工作台一个台阶深度 t，摇动纵向进给手柄使工件靠近铣刀，手动或自动纵向进给铣出台阶，如图 3-2（d）所示。

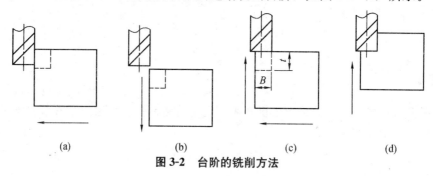

　　　　　（a）　　　　　　　　（b）　　　　　　　　（c）　　　　　　　　（d）

图 3-2　台阶的铣削方法

台阶的深度较深时，可将台阶侧面留有 0.5～1.0mm 余量，分次铣出台阶深度，最后一次进给时，可将台阶底面和侧面同时精铣到要求，如图 3-3 所示。

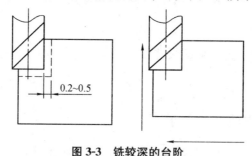

图 3-3　铣较深的台阶

如果在宽度方向也较宽时（即铣刀直径小于宽度 B），同样必须分次进行粗、精铣削。

3. 用立铣刀铣双面台阶

铣削时，可先铣出一侧的台阶，并保证尺寸要求，然后退出工件，将工作台横向进给移动一个距离 A（$A=D+C$），紧固横向进给后，铣出另一侧台阶，如图 3-4 所示。

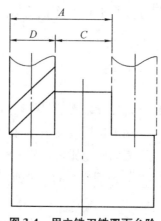

图 3-4　用立铣刀铣双面台阶

也可以在一侧的台阶铣好后，松开平口钳，把工件调转 180° 后重新装夹，再铣另一侧台阶。用这种方法铣削，台阶的凸台宽度尺寸受工件宽度尺寸精度的影响较大，但铣出的两台阶能获得很高的对称度。

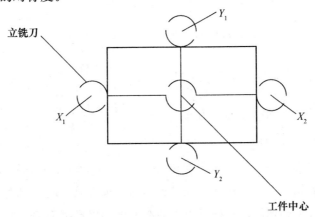

图 3-5 对中方式铣有对称度要求的台阶

4. 利用电子尺分中功能铣削有对称度要求的台阶（见图 3-5）

（1）工件用平口钳装夹并校正。

（2）铣削方法。

利用电子尺分中功能找到中心点（图 3-6）：

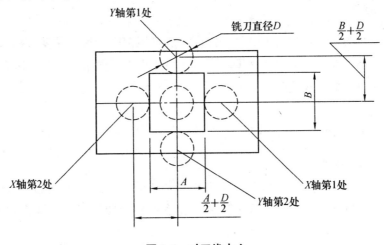

图 3-6 对刀找中心

①回转中的立铣刀的侧面刃擦着台阶侧面的贴纸，找到 X_1 点，此时按 ⊗ 清零。

②垂直降落工作台，横向移动工作台到台阶另一侧，同上方法找到 X_2 点，此时电子尺显示一数字，按 ½ 和 Ⓧ 键，此时电子尺显示刚才数目的一半，垂直降落工作台，将工作台摇至电子尺显示为"0.000"的位置就是 X 方向的中心点。

③与 X 轴找中心点的方法一样找到 Y 轴方向的中心点，对刀工作完成。

④计算。

精加工到位尺寸"X 轴第 1 处"为：正（+）$\left[\dfrac{A}{2}+\dfrac{D}{2}\right]$；

精加工到位尺寸"X 轴第 2 处"为：负（−）$\left[\dfrac{A}{2}+\dfrac{D}{2}\right]$；

精加工到位尺寸"Y 轴第 1 处"为：正（+）$\left[\dfrac{B}{2}+\dfrac{D}{2}\right]$；

精加工到位尺寸"Y 轴第 2 处"为：正（−）$\left[\dfrac{B}{2}+\dfrac{D}{2}\right]$。

⑤分粗、精加工完四周加工量。

粗加工时切削去大部分加工余量，深度和侧面方向均需留 0.2～0.5mm 精加工余量，加工方式既可以单独粗加工完一边再粗加工另一边，也可以采用环切法。

精加工时必须采用环切法，这样可以避免在最低层出现接刀痕。方法如下：首先换好新铣刀将切削深度调整到台阶深度要求，此时从侧面逐渐向目标尺寸铣去，如先铣"X 轴第 1 处"，当铣至电子尺显示为"（+）$\left[\dfrac{A}{2}+\dfrac{D}{2}\right]$"的计算数目时，紧固好横向进给（$X$ 方向），用顺铣的方式铣削。同理，同时铣削另外三个侧面"Y 轴第 2 处"、"X 轴第 2 处"、"Y 轴第 1 处"至要求。

三、台阶的测量

台阶的测量较为简单，台阶的宽度和深度一般可用游标卡尺、深度游标卡尺测量。两边对称的台阶的凸台宽度，当台阶深度较深时，可用千分尺测量，台阶深度较浅不便使用千分尺测量时，可用极限规测量。

四、常用的对刀方法

常用的对刀方法有两种：

（1）划线对刀法。在工件的加工部位划出台阶的尺寸、位置线，装夹校正工件后，调整铣床，使立铣刀侧面刀刃对准工件上所划的宽度线外的加工部位，将 X 轴或 Y 轴紧固后，分粗、精铣出台阶。

（2）侧面对刀法。侧面对刀法有使用试切、刮贴纸、标准刀柄、光洁面用分中棒、光电对刀仪等方法。

实操训练

1. 铣台阶 1（见图 3-7）。

材料 Q235。在立式铣床用立铣刀铣削。

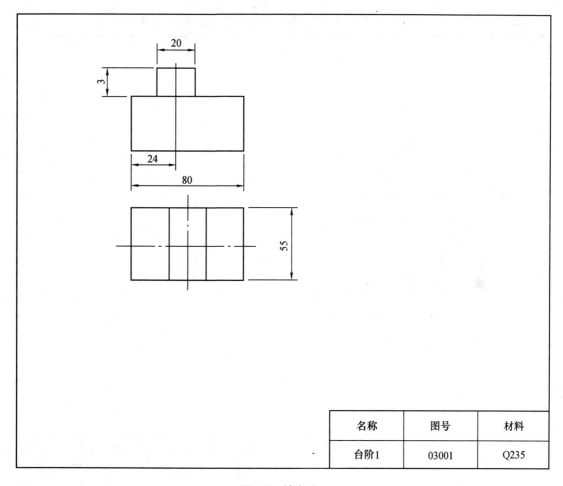

名称	图号	材料
台阶1	03001	Q235

图 3-7　铣台阶 1

（1）安装平口钳，校正固定钳口与铣床 X 轴轴线平行。

（2）选择并安装 $\phi16$ 立铣刀。

（3）安装上一课题加工出来的长方体。

（4）当铣刀在左侧对好刀之后，此时按电子尺 ⓧ 清零，计算向凸台铣去的加工量 $\left[24-\dfrac{20}{2}=14\right]$ 14mm。分粗、精加工至要求。

（5）铣另一侧台阶。

当铣出左侧的台阶后，此时可以再按电子尺 ⓧ 清零，计算凸台右侧铣削的目标数字 A（$A=D+C$）计算方法如图 3-4 所示，即 A 为［16＋20＝36］36mm。然后退出工件，将工作台横向进给（X 方向）移动一个距离 A（36mm），紧固横向进给后，分粗、精加工至要求铣出另一侧台阶。

（6）测量，卸下工件。

2. 立式铣床上利用电子尺分中功能铣削有对称度要求的台阶（见图 3-8）。

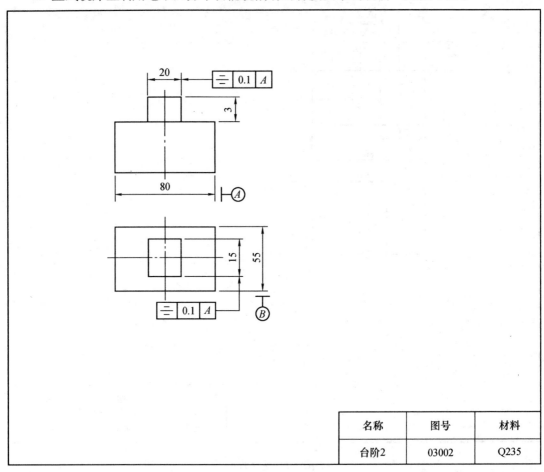

名称	图号	材料
台阶2	03002	Q235

图 3-8　铣台阶 2

（1）安装平口钳，校正固定钳口与铣床 X 轴轴线平行

（2）选择并安装 $\phi16$ 立铣刀

（3）安装上一课题加工出来的长方体。

（4）用图 3-5 方法对刀找到中心点。

（5）计算凸台 X 轴两侧铣削的目标数字（方法见图 3-6）为 $\left[\dfrac{20}{2}+\dfrac{16}{2}=18\right]$

$+18\text{mm}$、-18mm；Y 轴两侧铣削的目标数字为 $\left[\dfrac{15}{2}+\dfrac{16}{2}=15.5\right]+15.5\text{mm}$、

-15.5mm。

（6）粗、精加工时采用环切法加工至图纸要求为止。

（7）测量合格后，卸下工件。

第二节　铣直角沟槽

一、直角沟槽的铣削方法

用立铣刀或键槽铣刀铣削如图 3-9 半通槽和封闭槽。

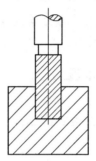

图 3-9　用立铣刀铣直角沟槽

1. 用立铣刀铣直角通槽

因用立铣刀铣直角通槽的方法（包括对刀等）与铣削台阶的方法相同，这里不再详述。

2. 用立铣刀铣半通槽和封闭槽

用立铣刀铣半通槽时，所选择的立铣刀直径应等于或小于槽的宽度。由于立铣刀刚性较差，铣削时容易产生"偏让"现象，加工深度较深的槽时，应分成几次铣到要求深度，以免受力过大引起铣刀折断，铣到深度后，再将槽两侧扩铣到尺寸。扩铣时应避免顺铣（余量少时可以，但要锁紧另一条轴），防止损坏铣刀和啃伤工件。

用立铣刀铣穿通的封闭槽时，由于立铣刀的端面刀刃没有通过刀具中心，不能垂直进给切削工件，因此铣削前应在封闭槽的一端预钻一个直径略小于立铣刀直径的落刀孔，由此孔落刀铣削。

宽度大于 25mm 的直角通槽，也大都采用立铣刀铣削。

3. 用键槽铣刀铣半通槽和封闭槽

用键槽铣刀铣削穿通的封闭槽，可不必预钻刀孔。因为键槽铣刀的端面刀刃能在垂直进给时切削工件。

二、直角沟槽的测量

直角沟槽的长度、宽度和深度的测量一般使用游标卡尺、深度游标卡尺，尺寸精度较高的槽可用极限量规（塞规）检查。直角沟槽的对称度，可用游标卡尺或杠杆百分表检验。用杠杆百分表检验对称度时，工件分别以侧面为基准面，放在检验平板上，然后使表的触头触在侧面上，移动工件检测，指针读数的最大差值即为对称度误差。

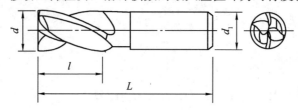

图 3-10　直柄键槽铣刀（根据 GB 1112—81）

实操训练（直角沟槽铣削技能训练）

铣封闭槽练习（图 3-11）。

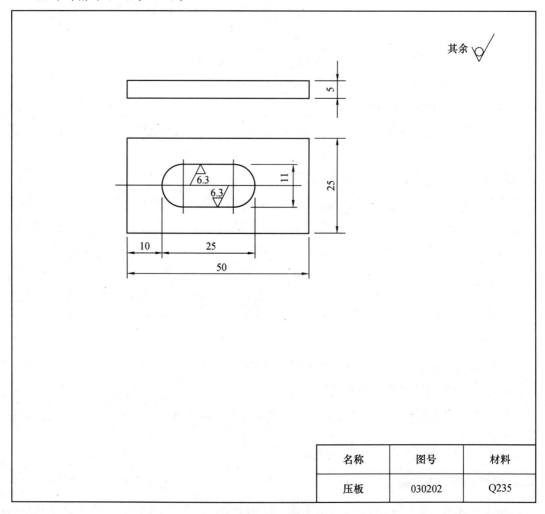

名称	图号	材料
压板	030202	Q235

图 3-11　铣封闭槽

压板材料 Q235，毛坯采用 δ5 薄板 50mm×25mm。

(1) 校正平口钳固定钳口与铣床 X 轴轴线平行。

(2) 在工件上划出槽的尺寸、位置线和钻孔位置线。

(3) 安装并校正工件。

(4) 安装 φ8mm 的钻头，钻落刀孔。

(5) 选择并安装铣刀（选用 φ10mm 的立铣刀）。

(6) 对刀，锁住纵向（Y 轴）进给。

(7) 分数次吃深铣出封闭槽宽 10mm、长 25mm。

(8) 利用"铣削—测量—再铣削"的方法扩铣至槽宽 11mm、长 25mm。

(9) 测量，卸下工件。

复习思考题

1. 请写出下列符号的意义：∥、⊥、⊕、◎、≡、⌒、⌒、▱。

2. 写出"利用电子尺分中功能找到中心点"方法铣削有对称度要求的台阶的步骤。

3. 写出"用侧面对刀"法铣削台阶的步骤。

4. 试分析工件"定位块"的加工方法。

课题四　铣床的电子尺辅助功能

实训要求

要求能了解电子尺的各项基本功能，正确掌握在立式铣床上利用电子尺铣削圆弧、钻圆周孔等的操纵方法，能分析产生质量问题的原因，采取相应的预防措施。

第一节　电子尺的基本功能简介

一、基本操作说明

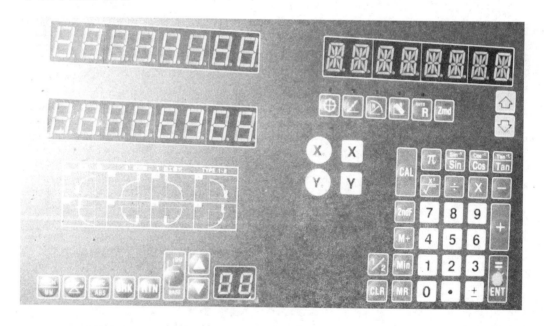

1. 埃莫特数显表键盘说明

X₀ Y₀ ·· 显示值归零键

X Y ·· 轴选择键

0 1 2 3 4 5 6 7 8 9	数字键入键

+ ÷ X − ENT ……………………………………………… 运算键（计算功能中）

CAL ……………………………………………………… 计算功能键（计算功能中）

CLR ……………………………………………………… 删除输入键（计算功能中）

2ndF …………………………………………………… 转换键（计算功能中）

• ………………………………………………………… 小数点输入键

ENT …………………………………………………… 数据输入键

± ……………………………………………………… 负号输入键

1/2 …………………………………………………… 1/2 值显示功能键

……………………………………………………… 公/英制显示转换键

…………………………………………………… 平方/平方根（计算功能中）

M+ Min MR ………………………………………… 累加等键（计算功能中）

…………………………………………………… 99 组零点记忆

…………………………………………………… 斜线分孔

…………………………………………………… 加工圆弧（简易 R）

…………………………………………………… 圆周分孔

…………………………………………………… 斜面功能

R …………………………………………………… 加工圆弧（平滑 R）

2nd ………………………………………………… 平滑 R、Z 轴固定级及选择

…………………………………………………… 上、下步骤选择键

…………………………………………………… 相对/绝对显示转换键

SRK ……………………………………………… 缩水率计算功能

RTN ·· 重呼功能

⊠ ·· 寻找机械零点

Sin⁻¹ Cos⁻¹ Tan⁻¹ / Sin Cos Tan ··· 三角函数/反三角函数键

2. SINO（信和）数显表说明

　　因本数显表与埃莫特数显表的许多功能都是相近的，这里重点介绍有不同操作方法的地方（每个功能键有不同操作方法的地方也将在介绍各功能键时分别比较出来）。

CLS ··· 显示值归零键（先按 X 或 Y ）

CTR ··· 计算功能键（计算功能中）

arc ··· 还原三角函数键（计算功能中）

sin/N2 ······················· 斜面加工功能键；在计算功能中此键为正弦函数键

cos/N1 ······················· 内腔渐进加工功能键；在计算功能中此键为余弦函数键

tan/N3 ······················· N_3 功能键；在计算功能中此键为正切函数键

A/1 ··· 相对/绝对显示转换键

ZERO ··· 200 点辅助零位功能键

M/1 ··· 公/英制显示转换键

CA ··· 删除输入键（计算功能中）

二、基本功能说明

功能	用途	操作步骤	XYZ 显示	辅助显示
清零	将显示值清零 在 ABS 状态下，执行清零操作，将使工作零点（师傅位）坐标值丢失	X轴清零 **X.** Y轴清零 **Y.**	0.000 0.000	INC
公英制转换	公英制显示	现时公制　转到英制 现时英制　转到公制	25.400 1.000	
自动分中	将现时的坐标除 2，在 ABS 状态下分中将影响到（师傅位）工作零点	以 X 轴为例将对边棒对正工件的一边，然后按清零键 X 将对边棒移到工件另一边对正，然后分别按分中功能键1/2选轴键 X	0.000 348.960 348.960 174.480	INC INC 1/2 RXIS INC
置数	设置加工尺寸 在 ABS 状态下，置数将影响到工作零点（师傅位）	将 X 轴现时的坐标设置126. 85 分别按以下键： **X**、**1** **2** **6** **.** **8** **5**、**ENT**	0.000 126.850 0.000	NEW BRSE NEW BRSE INC

功能	用途	操作步骤	XYZ 显示	辅助显示
绝对/相对坐标转换	提供两坐标 ABS/INC，可将工件基准点（师傅位）记忆于 ABS 坐标内，然后转到 INC 坐标作任何操作。在 ABS 坐标内的总长数会在整个加工过程中保存，方便操作者随时查看。请注意：在 ABS 坐标下，切不可将显示置随便清零分中置数，否则工件基准点（师傅位）坐标值将会丢失。	现时为 ABS 坐标要转到 INC 坐标 现时为 INC 坐标要转到 ABS 坐标		ABS INC INC ABS
重呼功能	将预置的坐标值调出。常用于尺寸的重复加工。重呼操作只能在 INC 方式下进行。	现时 X 轴显示为 0.000。调出 X 轴预置值 12.5 按选轴键 X 压重呼键	0.000 0 12.500	INC NEW BRSE RECALL

第二节　电子尺的计算器功能

一、埃莫特电子尺

1. 计算器功能

本数显箱之内置计算器，除具有加、减、乘、除运算外，还提供常用的三角函数、反三角函数、平方、开方及运算。其独特的结果转移功能，既能将计算结果直接转移到需要加工的轴上，又能使轴显示值输入至计算器，成为计算输入值。

（1）计算器功能按键。

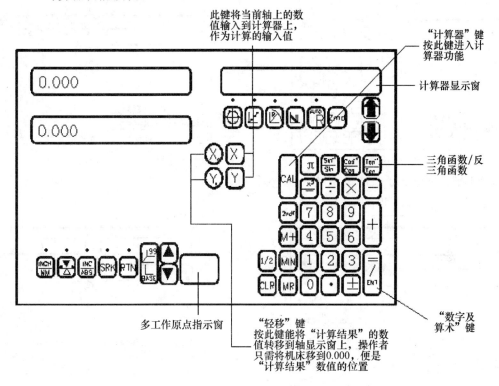

此键将当前轴上的数值输入到计算器上，作为计算的输入值

"计算器"键
按此键进入计算器功能

计算器显示窗

三角函数/反三角函数

"数字及算术"键

"轻移"键
按此键能将"计算结果"的数值转移到轴显示窗上，操作者只需将机床移到0.000，便是"计算结果"数值的位置

多工作原点指示窗

（2）计算器操作方法。

以两轴型号表为例，其他型号表操作方法一样。当进入了计算机功能后，就像内置一部计算机，操作会变成以下两部分。

本数显箱之内置计算器使用程序，与一般计算器完全相同，以下为一些计算实例：

基本加、减连算例子：78＋9－11＝76

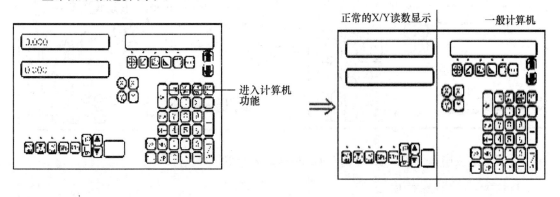

正常的X/Y读数显示　　　　一般计算机

进入计算机功能

按：⑦ ⑧ ＋ ⑨ － ① ① ＝（当输错时，按CLR清除）由

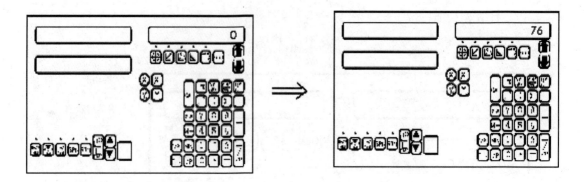

基本乘、除算例子：$78 \times 9 \div 11 = 63.81738$

按：$\boxed{7}\ \boxed{8}\ \boxed{\div}\ \boxed{1}\ \boxed{1}\ \boxed{=}$ 由

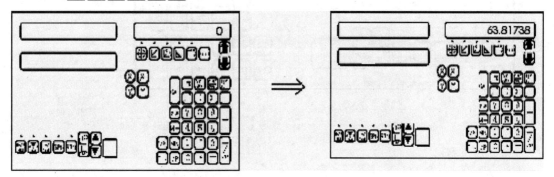

三角函数连算例子：$100 \times COS30° = 86.60156$

按：$\boxed{1}\ \boxed{0}\ \boxed{0}\ \boxed{\times}\ \boxed{3}\ \boxed{0}\ \boxed{\frac{Cos^{-1}}{Cos}}\ \boxed{=}$ 由

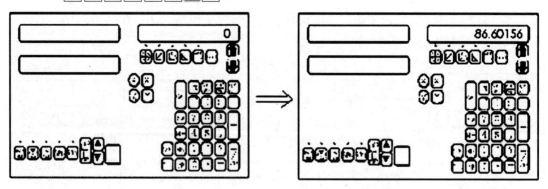

反三角函数连算例子：$SIN^{-1}0.5$（arcsin0.5）$= 30°$

按：$\boxed{\cdot}\ \boxed{5}\ \boxed{2ndF}\ \boxed{\frac{Sin^{-1}}{Sin}}\ \boxed{=}$ 由

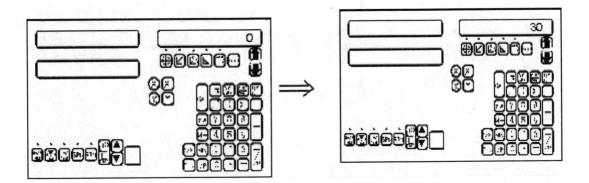

2. 将计算结果直接转移到需要加工的轴

（1）将计算结果 55 转移到 X 轴。

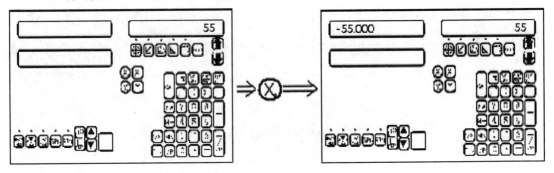

移动机床的 X 轴使数显箱显示 0.000，即为 X＝55.000 的位置完成结果转移，按 CAL 键变开计算器功能，返回正常加工状态。

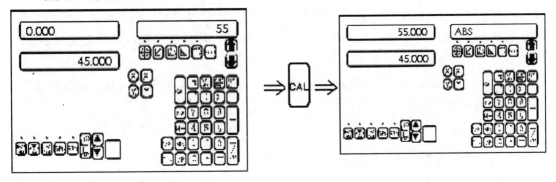

（2）将 X 轴显示值转入计算器作为计算输入。

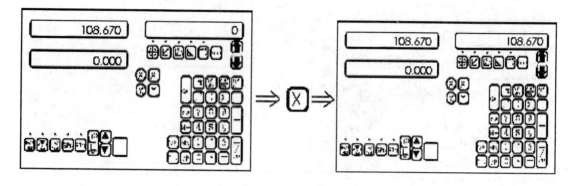

二、SINO（信和）数显表

因本数显表与埃莫特数显表计算器功能相近，这里重点介绍有不同操作方法的地方。

1. [CTR] ·· 进入计算功能键

2. [arc] ·· 还原三角函数（即反三角函数）键

3. [sin/N²] ·· 删除输入键

第三节　99 组辅助零位的功能

本数显除具备绝对坐标零点记忆功能外，还具有铺助坐标零点记忆功能。并用零点记录窗口来记录这些坐标点，以方便操作者使用。当零点记录窗显示"00"时，数显显示坐标为绝对坐标零点，当记录窗显示"01"至"09"时，数显显示坐标为铺助坐标为零点。操作者只需压"BASE"键，使零点记录窗显示"00"，然后移动机床至数显箱显示值为零，即为工作的师傅位。

请注意：在 ABS 状态下，除设定师傅位外，加工过程中切不可将显示坐标值为零，否则师傅位将发生变化。

一、99 组辅助零位的功用

该功能用于批量加工某个工件，而工件本身又有多个参考点（零位）的场合。

以绝对坐标零点（俗称师傅位）为基准，设置所有参考零点，并将其保存下来。

操作者按↑或↓键选择第××号零点，移动机床至显示为 0.000，即为该零点位置。

二、应用实例

如要在工件上设立四个铺助零点（sdm1 至 sdm4），可用以下两种方法：

（1）到位清零；

（2）直接键入法。

方法 1：到位清零

到位清零方法是：在 ABS 坐标下，先设置好工件基准零位，直接将机床移到各铺助零点位置，然后 X 和 Y 清零，即将零位记忆下来。

步骤 1： 在 ABC 坐标下，设定工件的基准零位（俗称师傅位）。

操作步骤	XY 显示	辅助显示/零位窗口	提示内容
移动刀具至工件的中心点 (X)、(Y)	X 0.000 Y 0.000	X ABS Y 01	设定工件基准点

步骤 2： 设定第一零位。

操作步骤	XY 显示	辅助显示/零位窗口	提示内容
选择 SdM1 零位号按 ⬆ 或 ⬇	X 0.000 Y 0.000	X SOM MODE Y 01	压 ⬆ 或 ⬇ 选择零位号。 零位号为"01"
选择 SdM1 零位号 X=50.000 Y=35.000 SdM1 的位置上	X 50.000 Y 35.000	SOM MODE 01	移动刀具至第一点零位
按 ⬆ 或 ⬇	X 50.000 Y 35.000	SOM MODE 02	压 ⬆ 或 ⬇ 选择零位号。 零位号为"02"
储存 SdM1 零位按 (X)、(Y)	X 0.000 Y 0.000	SOM MODE 02	清零设立 SdM1 零位

步骤 3： 设定第二点零位。

操作步骤	XY 显示	辅助显示/零位窗口	提示内容
选择 SdM2 零位号按 ⬆ 或 ⬇	X 0.000 Y 0.000	SOM MODE 02	压 ⬆ 或 ⬇ 选择零位号。 零位号为"02"
移动机床至 X=50.000 Y=50.000 SdM2 的位置上	X 50.000 Y 50.000	SOM MODE 02	移动刀具至第二点零位

（续表）

操作步骤	XY 显示	辅助显示/零位窗口	提示内容
按 △ 或 ▽	X 50.000 Y 50.000	SOM MODE 03	压 △ 或 ▽ 选择零位号。 零位号为"03"
储存 SdM2 零位按 Ⓧ 、Ⓨ	X 0.000 Y 0.000	SOM MODE 03	清零设立 SdM2 零位

其他零位号的操作和上面的例子操作一样，再此不再举例说明。

工件的四个辅助零位已设好，操作者可按 △ 或 ▽ 将显示坐标转到 sdm 辅助零位。

方法 2：直接键入法

利用键盘，将辅助零位坐标直接输入。

步骤 1： 在 ABC 坐标下，设定工件的基准零位（俗称师傅位）。

操作步骤	XY 显示	辅助显示/零位窗口	提示内容
移动刀具至工件的中心点 Ⓧ 、Ⓨ	X 0.000 Y 0.000	ABS 01	设定工件基准点
进入辅助零位状态	X 0.000 Y 0.000	SOM MODE 01	进入辅助零位状态，请选定 辅助零位号

步骤 2： 设定第一零位。

操作步骤	XY 显示	辅助显示/零位窗口	提示内容
输入辅助零位号 按：1 0 ENT	X 0.000 Y 0.000	SOM MODE 10	设定 SdM1 零位号为"10"
键入 SdM1 零位坐标值 按：X 5 0 ENT Y 3 5 ENT	X 50.000 Y 50.000	SOM MODE 10	设定 SdM1 零位号

步骤3：设定第二点零位。

操作步骤	XY 显示	辅助显示/零位窗口	提示内容
选择 SdM2 零位号 按 △ 或 ▽	X 0.000 Y 0.000	SOM MODE 11	设定 SdM2 零位号为 "11"
键入 SdM2 零位坐标值 X 5 0 ENT Y 5 0 ENT	X 50.000 Y 50.000	SOM MODE 11	设定 SdM2 零位号

其他零位号的操作和上面的例子操作一样，再此不再举例说明。

工件的四个辅助零位已设好，操作者可按 △ 或 ▽ 将显示坐标转到 sdm 辅助零位。

第四节　简易圆弧加工功能

数显表具有平滑 R 和简易 R 功能，由于日常在手动铣床加工的圆弧，大多数都是很简单的，加上操作者可能一个月只在手动铣床上加工一或两个简单的圆弧，为了使操作者简单直接，不需任何计算，便轻易地加工圆弧，特介绍简易 R 功能。

一、简易 R 功能的优缺点

（1）简易 R 功能的优点：操作简单直接，使用时完全不用任何计算及不需对基本坐标系统有任何认知。

（2）简易 R 功能的缺点：只可加工 8 种常用的圆弧，不能加工较复杂的圆弧。

二、简易圆弧的加工特点

（1）简易圆弧，特指所要加工的圆弧，按 90°弧长取定，现将常用圆弧归纳为下表所示的八种模式。

表 4-1　使用平头刀在 XZ/YZ 平面加工 R

简易 R：	(8 种预设 R 加工模式)		TYPE　1-8
1	2	3	4
5	6	7	8

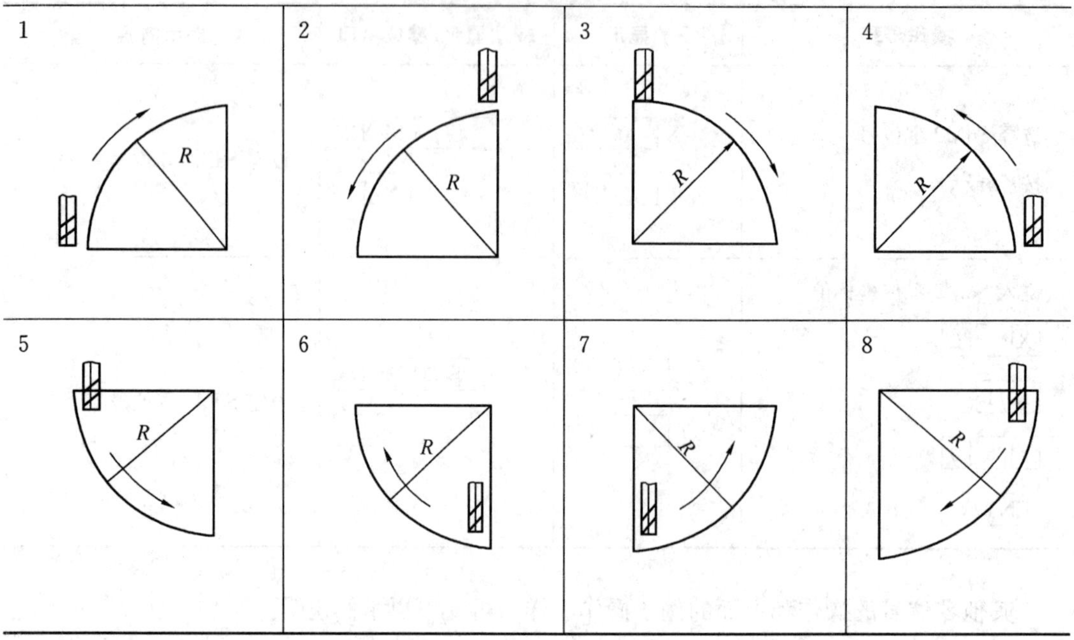

表 4-2　使用圆头刀在 XZ/YZ 平面加工 R

简易 R：	(8 种预设 R 加工模式)		TYPE　1-8
1	2	3	4
5	6	7	8

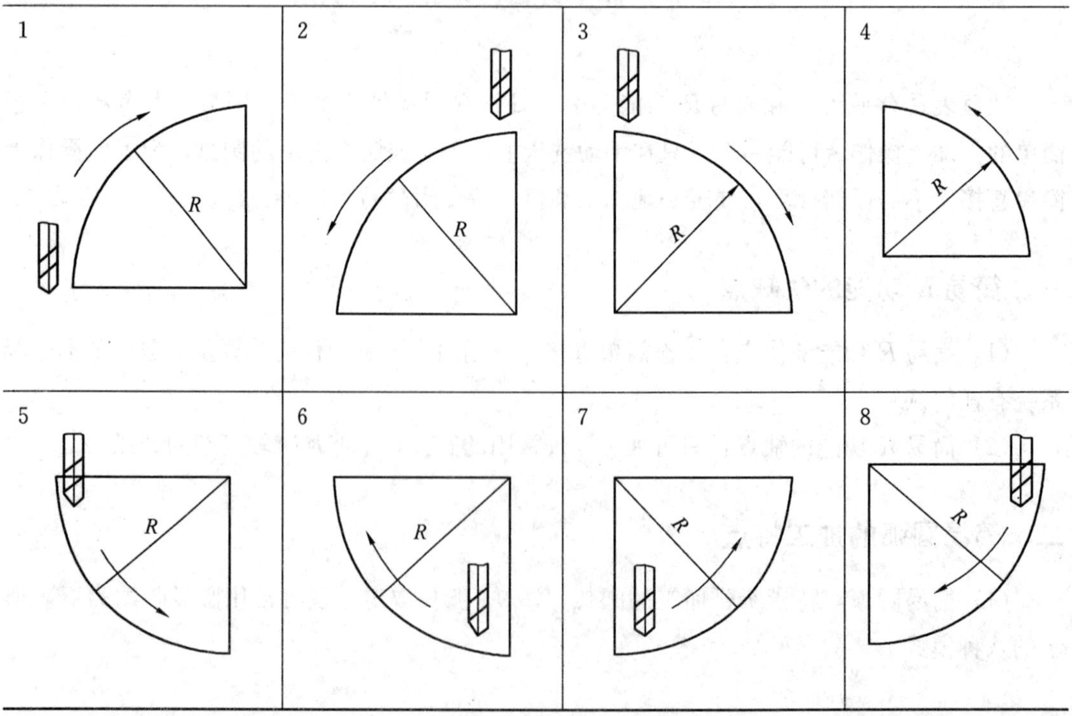

表 4-3 使用 4 刃铣刀在 XY 平面加工 R

简易 R:	(8 种预设 R 加工模式)		TYPE 1-8
1	2	3	4
5	6	7	8

（2）仅需输入以下圆弧数据，便可马上加工。

①选择 XY、XZ 或 YZ 平面加工圆。

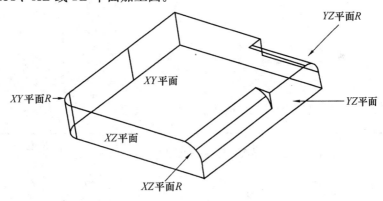

②选择预设 R 加工模式（TYPE 1-8）——模式 1 至模式 8。

表 4-3 使用 4 刃铣刀在 XY 平面加工 R

简易 R:	(8 种预设 R 加工模式)		TYPE 1-8
1	2	3	4

（续表）

简易 *R*:	(8 种预设 *R* 加工模式)		TYPE　1-8
5	6	7	8

③圆弧的半径（*R*）。

④刀的直径（TOOL DIA）。

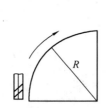

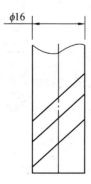

⑤刀补偿方向外 *R*（R＋TOOL）或内 *R*（R－TOOL）。

	外 *R*（R＋TOOL）	内 *R*（R－TOOL）
XZ/YZ 平面 *R*		
XY 平面 *R*		

⑥每点进刀量。

1	XZ/YZ 平面 R	
在 XY 平面 R 加工，每点的进刀量最大加工量（MAX CUT）	在正常状态下，每点的进刀量为每级 Z 进刀量（Z STEP）	在平滑 R 状态下（按 zmd 转换），每点的进刀量为最大加工量（MAX CUT）

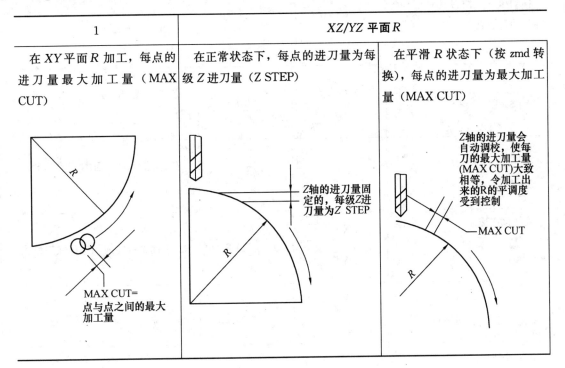

三、加工范例

（一）加工范例一

1. 埃莫特数显表的操作

在 XY 平面上，加工一件 R＝20mm 的工件（使用立铣刀的侧刃进行加工该工件）。

将工件夹固在机床上，并将铣刀对正 R 的起始点

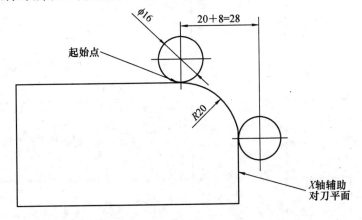

操作步骤	XY显示	辅助显示	提示内容
移动机床，使刀具对正加工圆弧的起始点。 按 X、Y	X　0.000 Y　0.000	ABS	设定 R 的起始点
按 进入简易 R 功能	X Y	SIM. R XZ	进入简易 R 功能请选择加工平面
选择加工平面 按 ⬇	X Y	SIM. R XY	按 ⬇ 选择加工面本例为 XY 平面加工 R
确认该次输入 按 ENT	X Y	TYEP 1-8	加工面选择完成请选择加工模式
确认该次输入按 3、ENT	X Y　3	TYEP 1-8	本例为模式 3，故输入数值 3 加工模式选择完毕
下一个步骤 按 ⬇	X Y　0.000	R	请输入圆弧半径
输入圆弧半径 按 2 0、ENT	X Y 20.000	R	已完成圆弧半径输入
下一个步骤 按 ⬇	X Y　0.000	TOOL DIA	请输入刀具直径，因采用立铣刀的侧刃进行加工该工件，故输 16
输入刀具直径 按 1 6、ENT	X Y 16.000	TOOL DIA	已完成刀具直径输入
下一个步骤 按 ⬇	X Y	R-TOOL	请选择刀具补偿方向
选择刀具补偿方向 按 ⬆ 或 ⬇	X Y	R+TOOL	本例为外 R 加工方式

（续表）

操作步骤	XY 显示	辅助显示	提示内容
确认该次输入 按 = ENT	X ☐ Y 0.000	MAX CUT	请输入每点的进刀量
输入每点的进刀量 按 . 5 、 ENT	X ☐ Y 0.500	MAX CUT	本例每点的进刀量为 0.5mm。 输入圆弧数据完毕
进入加工状态 按 ⬇	X 0.000 Y 0.000	PT　01	进入圆弧加工状态

操作者只需按 ⬆ 或 ⬇ 选第几点，并将机床移到 "0.000"，便得到该 R 点的位置

* 重复按 ▷ 便可随时进入和退出简易 R 功能

2. 信和数显表的操作

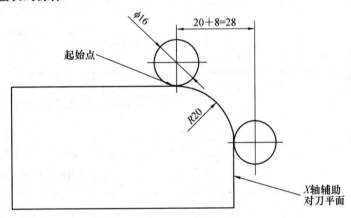

在 XY 平面上，加工一件 R＝20mm 的工件（使用立铣刀的侧刃进行加工该工件）。

将工件夹固在机床上，并将铣刀对正 R 的起始点。

操作步骤	XY 显示	辅助显示	提示内容
移动机床，使刀具对正加工 圆弧的起始点。 按 X 或 Y 再按 CLS	X 0.000 Y 0.000	CLE	设定 R 的起始点
按 ▷ 进入 R 功能	X ☐ Y ☐	SMOOTH	进入 R 功能请选择加工方式

·操作步骤	XY 显示	辅助显示	提示内容
选择简易 R 功能 按 ⬇	X ☐ Y ☐	SIMPLE	按 ⬇ 选择简易 R 功能 本例为选择简易 R 功能
确认该次输入　按 ENT	X ☐ Y ☐	WHICH	加工方式选择完成，请选择加工模式
确认该次输入 按 3 、 ENT	X ☐ Y ☐ 3	WHICH	本例为模式 3，故输入数值 3 加工模式选择完毕
下一个步骤 按 ⬇	X ☐ Y ☐	ARC XZ	请选择加工平面
选择加工平面 按 ⬇	X ☐ Y ☐	ARC XY	按 ⬇ 选择加工面，本例为 XY 平面加工 R
确认该次输入 按 ENT	X ☐ Y ☐	RADIUS	加工面选择完成，请输入圆弧半径
输入圆弧半径 按 2 0 、 ENT	X ☐ Y ☐ 20.000	RADIUS	已完成圆弧半径输入
下一个步骤 按 ⬇	X ☐ Y ☐	TL　DIA	请输入刀具直径，因采用立铣刀的侧刃进行加工该工件，故输 16
输入刀具直径 按 1 6 、 ENT	X ☐ Y ☐ 16.000	TL　DIA	已完成刀具直径输入
下一个步骤 按 ⬇	X ☐ Y ☐	MAX CUT	请输入每点的进刀量
输入每点的进刀量 按 . 5 、 ENT	X ☐ Y ☐ 0.500	MAX CUT	本例每点的进刀量为 0.5mm。输入圆弧数据完毕
下一个步骤 按 ⬇	X ☐ Y ☐	R－TOOL	请选择刀具补偿方向

（续表）

操作步骤	XY 显示	辅助显示	提示内容
选择刀具补偿方向 按 ⬆ 或 ⬇ 、⏎	X ☐ Y ☐	R+TOOL	本例为外 R 加工方式，刀具补偿方向选择完毕
进入加工状态 按 ⬇	X 0.000 Y 0.000	R 01	进入圆弧加工状态

操作者只需按 ⬆ 或 ⬇ 选第几点，并将机床移到 "0.000"，便得到该 R 点的位置

* 重复按 ⬇ 便可随时进入和退出 R 功能。

（二）加工范例二

在 XZ 平面上，加工一件 R=20mm 的工件（使用立铣刀的侧刃进行加工该工件）。

将工件夹固在机床上，并将铣刀对正 R 的起始点。

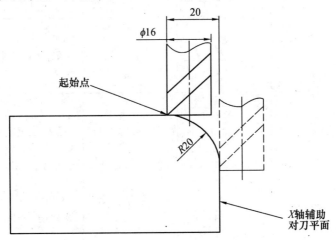

XZ 方向对刀

1. 埃莫特数显表的操作（本例是只有两轴显示）

操作步骤	XY 显示	辅助显示	提示内容
移动机床，使刀具对正加工圆弧的起始点。 ①按 Ⓧ ②Z 轴对刀后手动调好刻度盘。	X 0.000 Y 0.000	R 01	设定 R 的起始点

（续表）

操作步骤	XY显示	辅助显示	提示内容
按 🔲 进入简易 R 功能	X ☐ Y ☐	ABS	进入简易 R 功能，请选择加工平面
选择加工平面 按 🔲	X ☐ Y ☐	SIM. R XY	按 🔽 选择加工面，本例为 XZ 平面加工 R
确认该次输入 按 ENT	X ☐ Y ☐	TYPE 1-8	加工面选择完成，请选择加工模式
确认该次输入 按 3 、ENT	X ☐ Y ☐ 3	TYPE 1-8	本例为模式 3，故输入数值 3，加工模式选择完毕
下一个步骤 按 🔽	X ☐ Y 0.000	R	请输入圆弧半径
输入圆弧半径 按 2 0 、ENT	X ☐ Y 20.000	R	已完成圆弧半径输入
下一个步骤 按 🔽	X ☐ Y 16.000	TOOL DIA	请输入刀具直径，因采用立铣刀的端面进行加工该工件，故输 0
输入刀具直径 按 0 、ENT	X ☐ Y 0.000	TOOL DIA	已完成刀具直径输入
下一个步骤 按 🔽	X ☐ Y 0.000	Z STEP	请输入每点的进刀量
输入每点的进刀量 按 . 5 、ENT	X ☐ Y 0.500	Z STEP	本例每点的进刀量为 0.5mm。输入圆弧数据完毕

（续表）

操作步骤	XY 显示	辅助显示	提示内容
进入加工状态 按 ▽	X ☐ 0.000 Y ☐ 0.000	PT　01	进入圆弧加工状态

操作者只需顺序按 ENT 选第几点，并将机床的 X 轴移到"0.000"，
并且每次都将机床 Z 轴向上移一级便得到该 R 点的位置

* 按级进选择可在 MAX CUT （微积分计算，更平滑）与 Z　STEP 中转换。

* 重复按 ▨ 便可随时进入和退出简易 R 功能。

2. 信和数显表的操作

操作步骤	XY 显示	辅助显示	提示内容
移动机床，使刀具对正加工圆弧的起始点。 ①按 X 再按 CLS ②Z 轴对刀后手动调好刻度盘。	X ☐ 0.000 Y ☐ 0.000	CLE	设定 R 的起始点
按 ▨ 进入 R 功能	X ☐ Y ☐	SMOOTH	进入 R 功能，请选择加工方式
选择简易 R 功能 按 ▨	X ☐ Y ☐	SMOOTH	按 ▽ 选择简易 R 功能，本例为选择简易 R 功能
确认该次输入 按 ENT	X ☐ Y ☐	WHICH	加工方式选择完成，请选择加工模式
确认该次输入 按 3 、 ENT	X ☐ Y ☐ 3	WHICH	本例为模式 3，故输入数值 3，加工模式选择完毕
下一个步骤 按 ▽	X ☐ Y ☐	ARC XZ	请选择加工平面

操作步骤	XY显示	辅助显示	提示内容
选择加工平面 按 ⬇	X ☐ Y ☐	ARC XY	按 ⬇ 选择加工面，本例为 XY 平面加工 R
确认该次输入 按 ENT	X ☐ Y ☐	RADIUS	加工面选择完成，请输入圆弧半径
输入圆弧半径 按 2 0 、 ENT	X ☐ Y 20.000	RADIUS	已完成圆弧半径输入
下一个步骤 按 ⬇	X ☐ Y 16.000	TL DIA	请输入刀具直径，因采用立铣刀的端面进行加工该工件，故输 0
输入刀具直径 按 0 、 ENT	X ☐ Y 0.000	TL DIA	已完成刀具直径输入
下一个步骤 按 ⬇	X ☐ Y ☐	MAX CUT	请输入每点的进刀量
输入每点的进刀量 按 . 5 、 ENT	X ☐ Y 0.500	MAX CUT	本例每点的进刀量为 0.5mm。输入圆弧数据完毕
进入加工状态 按 ⬇	X 0.000 Y 0.000	PT 01	进入圆弧加工状态

操作者只需顺序按 ⬇ 选第几点，并将机床的 X 轴移到"0.000"，

并且每次都将机床 Z 轴向上移一级便得到该 R 点的位置

＊重复按 ⬛ 便可随时进入和退出 R 功能。

第五节　圆周分孔功能

一、埃莫特数显表的操作

1. 认清坐标系统

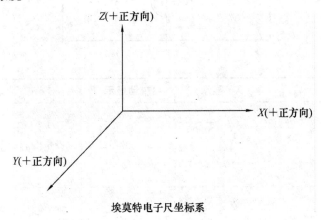

埃莫特电子尺坐标系

2. 认清角度方向

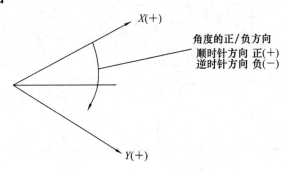

3. 范例

中心点位置（CENTER）…………………………………… $X=0.000$，$Y=0.000$

直径（DIA）……………………………………………………… 30.000mm

分孔数（NO. HOLE）…………………………………………………… 8个

超始角度（ST. ANG）…………………………………………………… 0度

终止角度（END. ANG）………………………………… 315度（顺时针方向）

第几号孔（HOLE 1）零点 ………………………………… 是第1号孔。

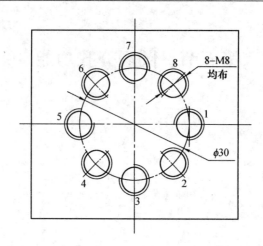

操作步骤	XY 显示	辅助显示	提示内容
移动机床，使刀具对正圆心位置。 按 Ⓧ、Ⓨ	X 0.000 Y 0.000	ABS	设定圆心为中心点位置
按 ⊕ 进入圆周分孔功能	X 0.000 Y 0.000	CENTER	进入圆周上分孔功能；输入中心点位置
输入中心点位置 按 X 0、ENT Y 0、ENT	X 0.000 Y 0.000	CENTER	如就在该点坐标处，按 ⬇ 可跳过该步骤
下一个步骤 按 ⬇	X Y 0.000	DIR	请输入圆周直径
输入圆周直径 按 3 0、ENT	X Y 30.000	DIR	已完成圆周直径输入
下一个步骤 按 ⬇	X Y 0	NO. HOLE	请输入分孔数

（续表）

操作步骤	XY显示	辅助显示	提示内容
输入分孔数 按8、ENT	X [　　　] Y [　　8]	NO. HOLE	已完成分孔数输入
下一个步骤 按↓	X [　　　] Y [30.000]	ST. ANG	请输入起始角度
输入起始角度 按0、ENT	X [　　　] Y [0.000]	ST. ANG	已完成起始角度输入
下一个步骤 按↓	X [　　　] Y [0.000]	END ANG	请输入终止角度
输入终止角度 按3 1 5、ENT	X [　　　] Y [315.000]	END ANG	已完成终止角度输入
进入加工状态，选择加工孔号 按↓	X [0.000] Y [0.000]	PT　01	第一个加工点座标

操作者只需按↑或↓选第几号孔，并将机床移到"0.000"，便得到该圆周孔的位置

* 重复按⊕便可随时进入和退出圆周分孔功能。

二、信和数显表的操作

1. 认清坐标系统

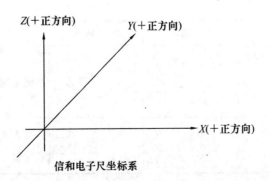

信和电子尺坐标系

2. 认清角度方向

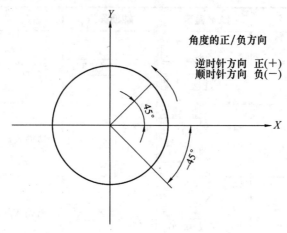

角度的正/负方向

逆时针方向　正(+)
顺时针方向　负(-)

3. 范例

中心点位置（CT POS）·· $X=0.000$，$Y=0.000$

直径（DIA）·· 30.000mm

分孔数（NUMBER）·· 9 个

超始角度（ST. ANG）··· 0 度

终止角度（END. ANG）··· 360 度（逆时针方向）

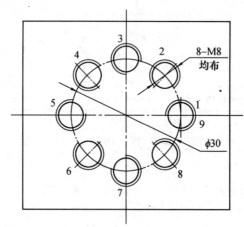

操作步骤	XY 显示	辅助显示	提示内容
移动机床，使刀具对正圆心位置。 按 [X] 或 [Y] 再按 [CLS]	X [0.000] Y [0.000]	CLE	设定圆心为中心点位置
按 [⊕] 进入圆周分孔功能	X [0.000] Y [0.000]	CT POS	进入圆周上分孔功能；输入中心点位置

（续表）

操作步骤	XY显示	辅助显示	提示内容
输入中心点位置 按 X 0 、📐 Y 0 、📐	X 0.000 Y 0.000	CT POS	如就在该点坐标处，按⬇可跳过该步骤
下一个步骤 按⬇	X Y 0.000	DIR	请输入圆周直径
输入圆周直径 按 3 0 、📐	X Y 30.000	DIR	已完成圆周直径输入
下一个步骤 按⬇	X Y 0	DIR	请输入分孔数
输入分孔数 按 9 、=ENT	X Y 9	NUMBER	已完成分孔数输入
下一个步骤 按⬇	X Y 30.000	ST. ANG	请输入起始角度
输入起始角度 按 0 、=ENT	X Y 0.000	ST. ANG	已完成起始角度输入
下一个步骤 按⬇	X Y 0.000	ED ANG	请输入终止角度
输入终止角度 按 3 6 0 、=ENT	X Y 360.000	ED ANG	已完成终止角度输入
进入加工状态，选择加工孔号 按⬇	X 0.000 Y 0.000	NO 1	第一个加工点坐标

操作者只需按⬆或⬇选第几号孔，并将机床移到"0.000"，便得到该圆周孔的位置

* 重复按⊕便可随时进入和退出圆周分孔功能。

结束语

本节介绍电子尺最常用的几种功能，还有许多功能，如斜面功能、斜线打孔功能等，教师可以根据教学进度进行增加，同学们应做好笔记，以便将来工作时可以用上。

实操训练

1. 利用电子尺铣削圆弧（完成爱心件）。

2. 利用电子尺圆周钻孔、斜线钻孔等练习。

复习思考题

1. 利用电子尺计算出下列得数：

7 英寸＝_____毫米；$\sin 23° =$_____；$\arccos 0.788 =$_____。

2. 分别写出两种数显表"简易圆弧加工功能"的操作步骤。

3. 分别写出两种数显表"圆周分孔功能"的操作步骤。

课题五 万能分度头的使用

实训要求

要求能掌握万能分度头的结构和功用，会应用简单分度法、角度分度法等，了解万能分度头其他分度方法。

第一节 万能分度头

在铣削加工中，经常需要铣削四方、六方、齿槽等，在铣床上可以用分度头加工。机械分度头（简称分度头）是铣床的重要精密附件之一，在其他机床（磨床、钻床、刨床和插床）上也得到广泛的应用。分度头可以把夹持在顶尖间或卡盘上的工件转动任意角度，并可把工件分成任意等分。

铣床上使用的主要是万能分度头（FW 型）。

一、万能分度头的结构和传动系统

1. 万能分度头的型号及功用

（1）型号。万能分度头的型号由大写的汉语拼音字母和数字两部分组成，示例如下：

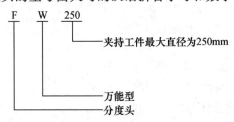

常用的万能分度头有 FW200、FW250 和 FW320 三种，其中 FW250 型万能分度头是铣床上应用最为普遍的一种。

（2）功用。万能分度头的主要功用是：

①能够将工件绕本身的轴线作任意的圆周分度（等分或不等分）。

②让工件的轴线相对工作台面成水平、垂直或任意角度的倾斜位置。

③通过交换齿轮，可使分度头主轴随铣床工作台的纵向进给运动作连续旋转，以铣削螺旋面和等速凸轮的型面等。

2. 万能分度头的结构

万能分度头的外部结构如图 5-1 所示。

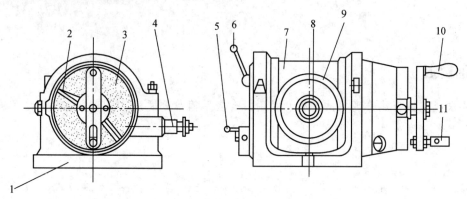

图 5-1　万能分度头外形

1—基座；2—分度盘；3—公度叉；4—侧轴；5—蜗杆脱落手柄；6—主轴锁紧手柄；

7—回转体；8—主轴；9—刻度盘；10—分度手柄；11—定位插销

（1）基座上装有回转体，分度头主轴可随回转体转动。

（2）分度盘（又称孔盘）。套装在分度手柄轴上，盘上（正、反面）有若干圈在圆周上均布的定位孔，作为各种分度计算。分度盘配合分度手柄完成不是整转数的分度工作。不同型号的分度头都配有 1 或 2 块分度盘，FW250 型万能分度头有 2 块分度盘。分度盘上孔圈的孔数见表 5-1。

表 5-1　分度盘的孔圈孔数

分度头形式	分度盘孔圈孔数										
带一块分度盘	正面	24	25	28	30	34	37	38	39	41	42	43
	反正	46	47	49	51	53	54	57	58	59	62	66
带二块分度盘	第一块正面　24　25　28　30　34　37										
	反面　38　39　41　42　43										
	第二块正面　46　47　49　51　53　54										
	反面　57　58　59　62　66										
带三块分度盘	第一块　15　16　17　18　19　20										
	第二块　21　23　27　29　31　33										
	第三块　37　39　41　43　47　49										

（3）分度叉（又称扇形股）。分度叉的功用是防止分度差错和方便分度。

（4）侧轴用于进行差动分度或铣削螺旋面或直线移距分度。

（5）蜗杆脱落手柄用以脱开蜗杆与蜗轮大啮合，进行按刻度盘直接分度。

（6）主轴锁紧手柄。通常用于分度后锁紧主轴。

（7）分度头空心轴，用来安装三爪自定心卡盘，大法兰盘。

（9）刻度盘固定在主轴大前端与主轴一起转动。其圆周面上有 0°～360°大刻线，在直接分度时用来确定主轴转过的角度。

（10）分度手柄分度用，摇动分度手柄，主轴按一定传动比回转。

（11）定位插销分度手柄的曲柄的一端，可沿曲柄作径向移动调整到所选孔数的孔圈圆周，与分度叉配合准确分度。

3. 万能分度头的传动系统

万能分度头传动系统如图 5-2 所示。

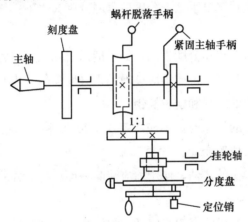

图 5-2　FW250 型万能分度头

蜗杆蜗轮副的传动比 40∶1。

二、用万能分度头及附件装夹工件的方法

1. 用三爪自定心卡盘装夹工件

在卡爪内垫铜皮装夹轴套类工件，可直接用三爪自定心卡盘装夹。用百分表校正工件外圆和端面时，用铜锤轻轻敲击高点，使端面跳动符合规定要求。

2. 用两顶尖装夹工件

用百分表校正跳动，另外顶上尾座顶尖检测，如不符合要求，则仅需校正尾座，使之符合要求。

3. 一夹一顶装夹工件

用于装夹较长的轴类工件。装夹工件前，应先校正分度头和尾座。

4. 用心轴装夹工件

用于装夹套类工件。

三、万能分度头的正确使用和维护

分度头是铣床的精密附件，正确的使用及日常的维护能延长分度头的使用寿命和保持其精度，因此在使用和维护时应注意以下几点：

(1) 分度头蜗杆和蜗轮的齿和间隙（0.02~0.04mm）不得随意调整，以免间隙过大影响分度精度，间隙过小增加磨损。

(2) 在装卸，搬运分度头时，要保护好主轴和锥孔以及基座底面，以免损坏。

(3) 在分度头上夹持工件时，最好先锁紧分度头主轴，切忌使用接长套管套在扳手上施力。

(4) 分度前先松开主轴锁紧手柄，分度后紧固分度头主轴；铣削螺旋槽时主轴锁紧手柄应松开。

(5) 分度时，应顺时针转动分度手柄，如手柄摇错孔位，应将手柄逆时针转动半转后再顺时针动到规定孔位。分度定位插销应缓慢插入分度盘的孔内，切勿突然将定位插销插入孔内，以免损坏分度盘的孔眼和定位插销。

(6) 调整分度头主轴的仰角时，不应将基座上部靠近主轴端的两个内六角螺钉松开，否则会使主轴的"零位"位置变动。

(7) 要经常保持分度头的清洁，使用前应清除表面赃物，并将主轴锥孔和基座底面檫拭干净。

(8) 分度头各部分应按说明书规定定期加油润滑，分度头存放时应涂防锈油。

第二节　用万能分度头分度

一、简单分度法

简单分度法又称单式分度法，分度头内部的传动系统如图5-3（a）所示，将分度盘固定，转动分度手柄，通过传动机构（传动比1:1的一对齿轮，1:40的蜗轮蜗杆），使分度头主轴带动工件转动一定角度。手柄转一圈，主轴带动工件转1/40圈。

所谓分度头的定数就是指分度头内蜗轮蜗杆副的传动比，故常用分度头的定数是40。

如果要将工件的圆周等分为 Z 等分，则每次分度工件应转过1/Z圈。设每次分度手柄的转数为 n，则手柄转数 n 与工件等分数 Z 之间有如下关系：

$$1 : 40 = \frac{1}{Z} : n$$

$$n = \frac{40}{Z}$$

分度头分度的方法有直接分度法、简单分度法、角度分度法和差动分度法等。这里仅介绍常用的简单分度法。

例1： 铣齿数 $Z=35$ 的齿轮，需对齿轮毛坯的圆周作 35 等分，每一次分度时，手柄转数为：

$$n = \frac{40}{Z} = \frac{40}{35} = 1\frac{1}{7} \qquad\qquad (圈)$$

分度时，如果求出的手柄转数不是整数，可利用分度盘上的等分孔距来确定。分度盘如图 5-3（b）所示，一般备有两块分度盘。分度盘的两面各钻有不通的许多圈孔，各圈孔数均不相等，然而同一孔圈上的孔距是相等的。

分度头第一块分度盘正面各圈孔数依次为 24、25、28、30、34、37；反面各圈孔数依次为 38、39、41、42、43。

第二块分度盘正面各圈孔数依次为 46、47、49、51、53、54；反面各圈孔数依次为 57、58、59、62、66。

按上例计算结果，即每分一齿，手柄需转过 $1\frac{1}{7}$ 圈，其中 1/7 圈需通过分度盘来控制。用简单分度法需先将分度盘固定。再将分度手柄上的定位销调整到孔数为 7 的倍数（如 28、42、49）的孔圈上，如在孔数为 28 的孔圈上。此时分度手柄转过 1 整圈后，再沿孔数为 28 的孔圈转过 4 个孔距。

为了确保手柄转过的孔距数可靠，可调整分度盘上的扇形条 1、2 间的夹角（图 5-3），使之正好等于分子的孔距数，这样依次进行分度时就可准确无误。

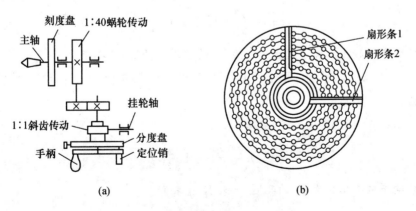

(a)   (b)

图 5-3 分度头的传动结构及分度盘

例 2：铣—六面体，每铣完一面后工件应转过 1/6 转，按上述公式手柄转动转数应为：

$$n = \frac{40}{6} = 6\frac{4}{6}$$

即手柄要转动 6 整圈再加上 2/3 圈；此处 2/3 圈一般是通过分度盘来控制的。分度头一般备有两块分度盘，分度盘两面上有许多数目不同的等分孔，它们的孔距是相等的，只要在上面找到 3 的倍数孔，例如 30、33、36……任选一个即可进行 2/3 圈的分度。当然，这是最普通的分度法；此外尚有直接分度法、差动分度法和角度分度法等。

二、角度分度法

角度分度法是简单分度的另一种形式，只是计算的依据不同，简单分度时是以工件的等分数 Z 作为计算分度的依据，而角度分度法是以工件所需转过的角度 θ 作为计算的依据。由于分度手柄转过 45r，分度头主轴带动工件转过 1r，既 360°，所以分度手柄每转 1r，工件转过 9°或 540′。因此，可的得出角度分度法的计算公式：

工件角度 θ 的单位为（°）时：

$$n = \frac{\theta}{9}$$

工件角度 θ 的单位为（′）时：

$$n = \frac{\theta}{540}$$

式中，n 为分度手柄的转数，r；

θ 为工件所需转的角度，（°）或（′）。

例 5-1　在 FW250 型万能分度头上，铣夹角为 116°的两条槽，求分度手柄转数。

解：以 $\theta = 116°$ 代入式 $n = \theta/9$ 得：

$$n = \frac{116}{9} = 12\frac{8}{9} = 12\frac{48}{54}r$$

答：分度手柄转 12r 又分度盘孔数为 54 的空圈上转过 48 孔距。

例 5-2　在图 5-4 所示圆柱形工件上铣两条槽，其所夹圆心角 $\theta = 38°10′$，求分度手柄应转的转数。

解：$\theta = 38°10′ = 2290′$ 代入式 5-3 得：

$$n = \frac{2290}{540} = 4\frac{13}{54}r$$

答：分度手柄在孔数为 54 的孔圈 4r 又 13 个孔距。

实操训练

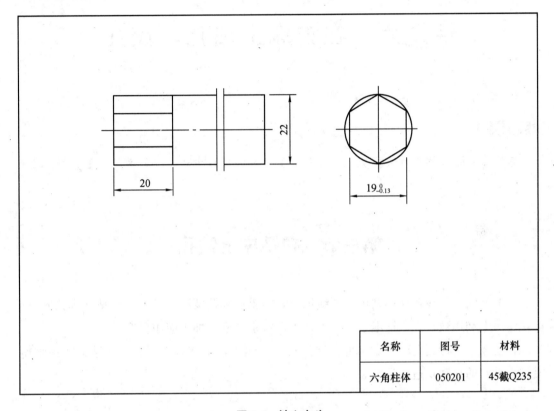

名称	图号	材料
六角柱体	050201	45截Q235

图 5-4　铣六方头

铣削步骤：

1. 安装 $\phi16$ 立铣刀。

2. 安装分度头并进行校正，再安装工件伸出合适的长度。

3. 计算分度手柄转数，选择孔圈，调整定位插销位置和分度叉脚之间的孔距数。

4. 对刀，分粗、精铣铣削至尺寸。

复习思考题

1. FW250 型万能分度头中蜗杆蜗轮副的传动比是_____。

2. 万能分度头有哪些主要功用？

3. 如何正确使用和维护万能分度头？

4. 若工件的等分数 Z=64，则采用（　　）法进行分度。

　　　A. 简单分度　　　　　　　　B. 角度分度

5. 如果要求分度手柄转 44/66 转时，则应调整分度叉使其间包括（　　）个孔。

　　　A. 44　　　　　　　　B. 45　　　　　　　　C. 43

课题六　在铣床上钻孔、铰孔

实训要求

要求能正确掌握在立式铣床上进行钻孔、铰孔的操作方法，并能进行质量分析。

第一节　在铣床上钻孔

一般精度的孔在普通的钻床上划线加工，如果遇到精度高或者说需要钻坐标孔时一般都在铣床上利用数显表（即电子尺）上加工，特别在模具加工应用更广。

在铣床上进行钻孔时，钻头的回转运动是主运动，工件（工作台）或钻头（主轴箱）沿钻头轴向的移动是进给运动。

一、麻花钻的结构和刃磨方法

因钳工课上已经训练，这里不再重述。

二、钻孔方法

利用数显表进行圆周分孔、直线分孔等方法另行介绍。

1. 孔的技术要求

（1）孔的尺寸精度主要是孔的直径。其次是孔的深度。用麻花钻钻孔的尺寸经济精度可达 IT12～IT11。

（2）孔的形状精度主要有孔的圆度、圆柱度和轴线的直线度。

（3）孔的位置精度主要有孔与孔或孔与外圆之间的同轴度、孔与孔的轴线对基准面的平行度、孔的轴线与基准面的垂直度、孔的轴线对基准的偏移量的位置度要求。

（4）孔的表面粗糙度表面粗糙度 Ra 值可达 $6.3～12.5\mu m$。

2. 钻削用量

（1）切削速度 V_c 麻花钻切削刃外缘处的线速度，表达式为：

$$V_c = \frac{\pi d n}{1\,000}$$

式中，V_c 为切削速度，m/min；

　　　d 为麻花钻直径，mm；

　　　n 为麻花钻转速，r/min。

（2）进给量 f。麻花钻每一回转一转，钻头与工件在进给运动方向（麻花钻轴向）上的相对位移为每转进给量 f 单位为 mm/r。

钻孔时，切削速度 V_c 的选择主要根据被钻孔工件的材料和所钻孔的表面粗糙度要求及麻花钻的耐用度来确定。一般在铣床上钻孔，由于工件做进给运动，因此钻削速度应选低一些，此外，当钻孔直径较大的话，也应在钻削速度规范内选择低一些。

在铣床上钻孔一般采用手动，但也可采用机动。其进给量的选择与钻孔直径的大小、工件材料及孔表明质量等有关，每转进给量 f 在加工铸铁和有色金属材料时可取 0.15～0.50mm/r，加工钢材时可取 0.10～0.35mm/r。

3. 钻孔方法

（1）按划线钻孔。先调整好主轴转速，移动工件用目测的方法使钻头对准划线的圆心样冲眼，然后试钻少许成一浅孔，观察是否偏心若偏心时应重新进行校准，可在浅孔坑与划线距离较大处錾几条浅槽，校准并落钻再试钻，待对准后即可开机钻孔。对于通孔，当钻头快要钻通时应减慢进给速度，钻通后方可退刀。

（2）按靠刀法钻孔。孔对基准的孔距公差要求较严时，用划线钻孔不易控制，此时可利用铣床的纵向、横向手轮刻度（有数显表则更方便和准确），采用靠刀法对刀。

为了保证孔距公差，可先用中心钻钻出锥坑，作为导向定位，然后再用麻花钻钻孔就不会产生偏移。中心钻的切削速度不宜太低，否则容易损坏。例如 3mm 的中心钻，主轴转速可调到 950r/min 左右。一个孔钻削完后，利用电子尺将工作台移动一个中心距，再以同样的方法钻另一个孔，依次完成各孔的加工，孔距公差则容易得到保证。

（3）用分度头或回转工作装夹工件钻孔在盘类工件上钻圆周等分孔时，可在分度头或回转工作上装夹工件钻孔。

（4）成批的轴套类工件也可以将一台三爪卡盘用压板固定，第一个校正后其他零件就可以直接装夹，不需再次对刀了。

（5）利用电子尺钻孔（见课题四第 3 节"圆周钻孔)。

实操训练

1. 钻孔板上孔 (图 6-1)

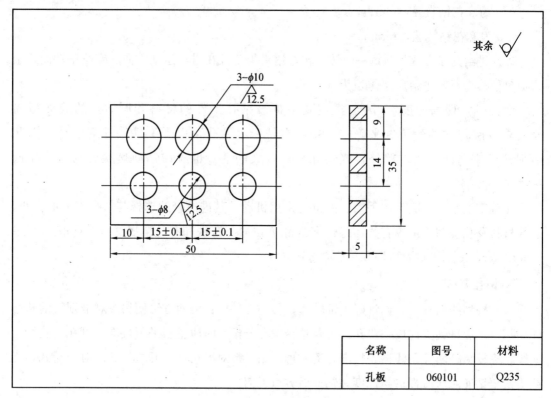

名称	图号	材料
孔板	060101	Q235

图 6-1　钻孔板上孔

训练步骤：

(1) 按图样要求，划出各孔的中心位置和孔径尺寸线，并打样冲眼，且位置应准确。

(2) 安装平口钳，校正固定钳口使其平行于工作台横向进给方向，然后装夹工件，装夹时，应使工件底面与钳身导轨面离开一定的距离，以防钻孔时损伤导轨面。

(3) 按孔径尺寸选好麻花钻，用钻夹头和锥套（或 ϕ8mm 铣夹头）安装于立铣头主轴锥孔中（先安装 ϕ8mm 麻花钻）。

(4) 调整主轴转速为 660r/min，然后纵向、横向移动工作台，使钻头轴线对准被钻孔中心（按划线试钻找正或用靠刀法定位），将工作纵向、横向进给紧固，即可开车，手动升降台进给钻第一个孔。

(5) 横向移动工作台 15mm（手轮刻度盘或数显表控制），钻第二个孔。同样操作分别钻出其他 ϕ8mm 的孔。

(6) 更换 ϕ10mm 麻花钻，纵向移动工作台 14mm，钻 ϕ10mm 第一个孔。

(7) 横向移动工作台，保证孔距 20±0.1mm，依次钻出其余各个 ϕ10mm 孔。

2. 在数显铣床上钻坐标孔

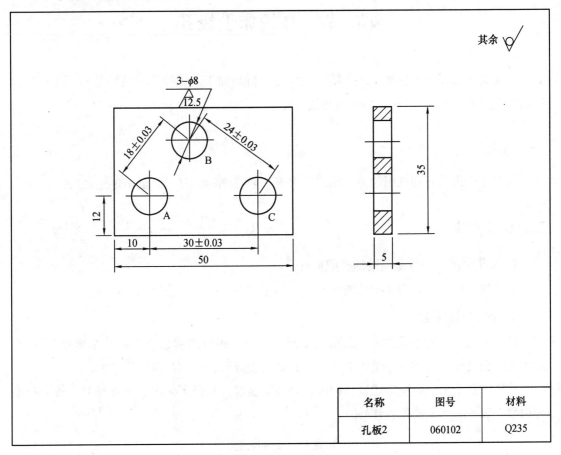

名称	图号	材料
孔板2	060102	Q235

图6-2　坐标孔钻

训练步骤：

（1）安装平口钳，校正固定钳口使其平行于工作台横向进给方向，然后装夹工件，装夹时，应使工件底面与钳身导轨面离开一顶的距离，以防钻孔时损伤导轨面。

（2）按孔径尺寸选好麻花钻，用钻夹头和锥套（或 φ8mm 铣夹头）安装于立铣头主轴锥孔中。

（3）计算 C 孔坐标（$X_C=10.8$mm，$Y_C=14.4$mm）。

（4）调整主轴转速为 660r/min，然后纵向、横向移动工作台，用靠刀法对刀找到 A 点，使钻头轴线对准被钻孔中心，将工作纵向、横向进给紧固，即可开车，手动升降台进给钻第一个孔 A 孔。

（5）横向移动工作台30mm（手轮刻度盘或数显表控制），钻第二个孔 B 孔。

（6）移动纵向、横向工作台至 C 孔（坐标 $X_C=10.8$mm，$Y_C=14.4$mm）处，锁紧纵向、横向工作台，手动升降台进给钻第一个孔 C 孔。

第二节　在铣床上铰孔

铰孔是用铰刀对已粗加工或半精加工大孔进行精加工，可使孔的精度达到 IT7～IT9，表面粗糙度 Ra 可达 $1.6～6.3\mu m$ 或更高。

一、铰孔

绞刀分手用绞刀和机用绞刀（因钳工课有比较详细的学习，这里不再重复）。

二、铰孔方法

1. 铰孔之前，一般先经过钻孔或扩孔

要求较高的大孔，需先扩孔或镗孔；对精度高的大孔，还需分粗铰和精铰。

2. 铰孔余量确定

铰孔余量不宜太小或太大。余量太小时，上道工序所残留余量不能被全部铰去,；余量太大，会使每一刀加工余量增加负荷，孔的精度降低，表面粗糙度值增大。

选择铰孔余量时，应考虑铰孔精度、表面粗糙度、孔径大大小、工件材料和铰刀类型等因素。表 6-1 列了铰孔余量范围。

表 6-1　铰削余量　　　　　　/mm

铰刀直径	<5	5～20	21～32	33～50	51～70
铰削余量	0.1～0.2-	0.2～0.3	0.3	0.5	0.8

3. 切削速度与进给量

在铣床上使用普通高速工具钢铰刀铰孔，加工材料为铸铁时，切削速度 $v\leqslant 10m/min$，进给量 $F\leqslant 0.8m/r$；加工材料为钢时，切削速度 $v\leqslant 8m/min$，进给量 $F\leqslant 0.4m/r$。

4. 切削液的选择

铰孔时由于加工余量小，切屑一般都很细碎，容易粘附在刀刃上，甚至夹在孔壁与铰刀棱边之间，将把加工表面刮毛。此外，铰刀切削速度虽低，但因在半封闭状态下工作，热量传导困难。为了能获得较小表面粗糙度值和延长刀具耐用度，所选用切削液应具有一定的流动性，以冲去切削和降低温度，并应具有良好的润滑性。具体选择时：铰削韧性材料可采用乳化液；铰削铸铁等脆性材料时，一般采用煤油或煤油与矿物油的混合物。

三、铰孔时的注意事项和铰削质量分析

1. 铰孔时注意事项

（1）工件要夹正。

（2）铰刀轴线与钻、扩后孔轴线应同轴，因此，最好钻孔、扩孔、铰孔连续进行，以保证加工精度。

（3）铰刀退出工件时不能反转、停车，因为铰刀反转会使切屑轧在孔壁和铰刀刀齿的后面之间将孔壁刮毛，同时，铰刀也容易磨损，甚至崩刀。因此，必须在铰刀退离工件后再停车。

（4）铰通孔时，铰刀的校正部分不能全部出头，否则孔的下端会刮坏，退刀也会产生困难。

2. 铰削大质量分析

铰孔时，影响铰削质量的因素较多，常见的质量问题和产生的原因见表 6-2。

质量问题	产生原因
表面粗糙度值太大	1. 铰刀刃口不锋利或有崩裂，铰刀切削部分和校正部分不光洁 2. 铰刀切削刃口上粘有积挟瘤，容屑槽内切屑粘积过多 3. 铰削余量太大或太小 4. 切削速度太高，以致产生积屑瘤 5. 铰刀退出时反转 6. 切削液选择不当或浇注不充分 7. 绞刀偏摆过大
孔径扩大	1. 铰刀与孔的中心不重合，绞刀偏摆过大 2. 铰削余量和进给量过大 3. 切削速度太高，绞刀温度上升而直径增大 4. 操作者粗心，未仔细检查绞刀直径和绞孔直径
孔径缩小	1. 铰刀超过磨损标准，尺寸变小仍继续使用 2. 铰刀磨钝后继续使用，造成孔径过度收缩 3. 铰削钢料时加工余量太大，铰后内孔弹性变形恢复使孔径缩小 4. 铰铸铁时加了煤油
孔轴线不直	1. 铰孔前的预加工孔不直，铰小孔时由于铰刀刚度小，而未能纠正原有的弯曲 2. 铰刀的切削锥角太大，导向不良，使铰削时方向发生偏歪
孔呈多棱形	1. 铰削余量过大和铰刀刃口不锋利，使铰削时发生"啃切"现象，发生振动而出现多棱形 2. 铰孔前的预加工孔圆度误差太大，使铰孔时铰刀发生弹跳现象 3. 机床主轴振摆太大

复习思考题

1. 钻孔的表面粗糙度 Ra 值可达_____μm。

2. 标准麻花钻顶角的角度是_____。

3. 根据经验公式，列举钻下列螺纹孔底孔大小。

M3	M8	M16
M4	M10	M20
M5	M12	
M6	M14	

以及 M10×1

4. 需加工 30×40 的长方形工件，请问开圆棒形毛坯料最小直径要多大？

5. 一直角三角形 Rt△ACB 周长为 120，$\cos B=\dfrac{12}{13}$，求各边长。

6. 计算点 A、B 的坐标值。

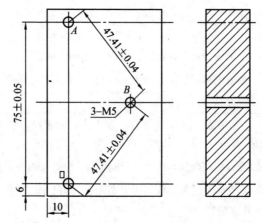

7. 计算4—φ8孔的坐标

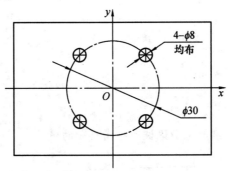

8. 计算点 A、B 的坐标值。

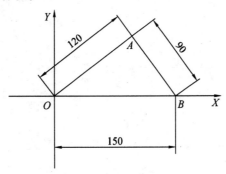

9. 请问如何使用圆规直尺画出任意多边形或任意的角度。

10. 请问"1Cr18Ni9Ti"是什么金属材料，它具有什么特性？

11. 计算小头直径和车锥度时小拖板所摆角度 α 的值。

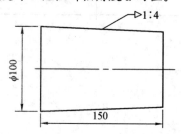

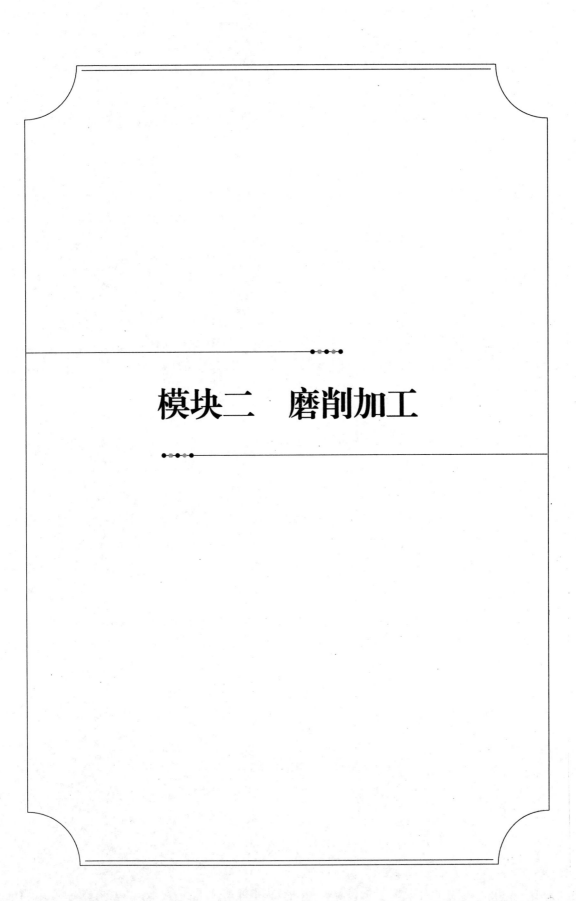

模块二　磨削加工

课题七 磨削加工

实训要求

要求掌握磨削加工的基础知识，并能正确、规范地掌握平面磨床的操作方法，能分析产生质量问题的原因，采取相应的预防措施。

第一节 磨削加工基础知识

一、磨削的工艺特点及应用

磨削加工是零件精加工的主要方法。磨削时可采用砂轮、油石、磨头、砂带等作磨具，而最常用的磨具是用磨料和粘结剂做成的砂轮。通常平面磨削尺寸精度为 IT6～IT5，两平面平行度误差小于 100：0.1，表面粗糙度 Ra 为 0.4～0.2μm，精密磨削时 Ra 可达 0.1～0.01μm。

磨削的加工范围很广，不仅可以加工内外圆柱面、内外圆锥面和平面，还可加工螺纹、花键轴、曲轴、齿轮、叶片等特殊的成形表面。

从本质上来说，磨削加工是一种切削加工，但和通常的车削、铣削、刨削等相比却有以下的特点：

1. 磨削属多刃、微刃切削

砂轮上每一磨粒相当于一个切削刃，而且切削刃的形状及分布处于随机状态，每个磨粒的切削角度、切削条件均不相同。

2. 加工精度高

磨削属于微刃切削，切削厚度极薄，每一磨粒切削厚度可小到数微米，故可获得很高的加工精度和低的表面粗糙度值。

3. 磨削速度大

一般砂轮的圆周速度达 2 000～3 000m/min，目前的高速磨削砂轮线速度已达到 60～250m/s。故磨削时温度很高，磨削区的瞬时高温可达 800℃～1 000℃，因此磨削时必须使用切削液。

4. 加工范围广

磨粒硬度很高，因此磨削不但可以加工碳钢、铸铁等常用金属材料，还能加工一般刀具难以加工的高硬度、高脆性材料，如淬火钢、硬质合金等。但磨削不适宜加工硬度低而塑性大的有色金属材料。

磨削加工是机械制造中重要的加工工艺，已广泛用于各种表面的精密加工。许多精密铸造成形的铸件、精密锻造成形的锻件和重要配合面也要经过磨削才能达到精度要求。因此，磨削在机械制造业中的应用日益广泛。

二、砂轮

1. 砂轮的组成

砂轮是由磨料和结合剂经压坯、干燥、烧结而成的疏松体，由磨粒、结合剂和气孔三部分组成。砂轮磨粒暴露在表面部分的尖角即为切削刃。结合剂的作用是将众多磨粒粘结在一起，并使砂轮具有一定的形状和强度，气孔在磨削中主要起容纳切屑和磨削液以及散发磨削液的作用。

2. 砂轮特性

与其他切削刀具相比较，砂轮具有一种特殊的性能——自锐性（又叫自砺性）。它是指被磨钝了的磨料颗粒在切削力的作用下自行从砂轮上脱落或自行破碎，从而露出新锐利的磨粒刃口的性能。这是一个非常重要的性能。砂轮因为具有自锐性，才能保证磨削的生产率和质量，才能保证磨削过程顺利进行。

（1）磨料。

磨料是砂轮的主要成分，它直接担负切削工作，应具有很高的硬度和锋利的棱角，并要有良好的耐热性。常用的磨料有氧化物系、碳化物系和高硬磨料系三种，其代号、性能及应用详见表 7-1。

表 7-1　常用磨料的代号、性能及应用

系列	磨粒名称	代号	特性	适用范围
氧化物系 Al_2O_3	棕色刚玉	A	硬度较高、韧性较好	磨削碳钢、合金钢、可锻铸铁、硬青铜
	白色刚玉	WA		磨削淬硬钢、高速钢及成形磨
碳化物系 SiC	黑色碳化硅	C	硬度高、韧性差、导热性较好	磨削铸铁、黄铜、铝及非金属等
	绿色碳化硅	GC		磨削硬质合金、玻璃、玉石、陶瓷等
高硬磨料系 CBN	人造金刚石	SD	硬度很高	磨削硬质合金、宝石、玻璃、硅片等
	立方氮化硼	CBN		磨削高温合金、不锈钢、高速钢等

（2）粒度。

粒度用来表示磨料颗粒的大小。一般直径较大的砂粒称为磨粒，其粒度用磨粒所能通过的筛网号表示；直径极小的砂粒称为微粉，其粒度用磨粒自身的实际尺寸表示。一般粗磨和磨软材料时选用粗磨粒；精磨或磨硬而脆的材料时选用细磨粒。常用磨料的粒度号为 $30^{\#} \sim 100^{\#}$。粒度号越大，磨料越细。

砂轮粒度的大小对磨削质量影响很大，具体选用可参考有关资料。

（3）结合剂。

结合剂的作用是将磨粒粘结在一起，并使砂轮具有所需要的形状、强度、耐冲击性、耐热性等。粘结愈牢固，磨削过程中磨粒就愈不易脱落。常用的结合剂有陶瓷结合剂（V）、树脂结合剂（B）、橡胶结合剂（R）和菱苦土结合剂（Mg）四种。

（4）硬度。

硬度是指砂轮表面上的磨粒在磨削力的作用下脱落的难易程度。磨粒容易脱落，则砂轮的硬度低，称为软砂轮；磨粒难脱落，则砂轮的硬度就高，称为硬砂轮。砂轮的硬度主要取决于结合剂的粘结能力及含量，与磨粒本身的硬度无关。

砂轮硬度对砂轮磨削性能影响很大。太硬，则磨钝的颗粒不易脱落，砂轮的自锐性就差；太软，则磨粒尚未变钝就很快从砂轮表面脱落，于是砂轮的形状难于保持且损耗很快。所以必须正确选择砂轮硬度。

GB2484-94将砂轮硬度分为超软、软、中软、中、中硬、硬和超硬等七大级，每一大级又细分为几个小级，相应代号表示如表7-2所示。

表 7-2 砂轮硬度（GB2484-94）

A，B，C，D（超软），E（超软），F（超软），G（软₁），H（软₂），J（软₃），K（中软₁），L（中软₂），M（中₁），N（中₂），P（中硬₁），Q（中硬₂），S（硬₁），T（硬₂），Y（超硬）

注：括号内为旧标准 GB2484-84 中规定的硬度等等级名称。

砂轮硬度的一般选择原则如下：

①工件硬，选软砂轮；反之则选硬砂轮。这是因为工件越硬，磨粒越易磨钝，我们希望磨钝的磨粒尽快脱落，即砂轮应软些。反之，砂轮应硬些。但当工件特别软时，如磨削有色金属时，切屑易将砂轮堵塞，此时反倒应选最软的砂轮。

②精磨时，要求砂轮自锐性好应选较软的砂轮。粗磨或断续磨削时，因磨削力大，砂轮虽较硬，也易自锐，故可选较硬砂轮。

③砂轮与工件接触面积大，如内孔和端面磨削时，每一磨粒的切削时间较长，易磨钝，故应选较软的砂轮。

④工件散热不良时，如磨削薄壁零件、低导热系数的材料以及干磨时，为防止工件被烧伤，应保持砂轮锋利，故应选软砂轮。

⑤成形磨削时，为保持砂轮形状，应选硬砂轮。

⑥砂轮粒度细，则容屑空间小，应选软砂轮，反之则选较硬砂轮。

⑦高速强力磨削时，磨粒易磨钝，故应选较软砂轮。

总之，选择硬度的总原则是，在保证磨削质量的前提下，尽量选较硬砂轮，以提高砂轮的使用寿命。

（5）组织。

砂轮的组织是指磨粒和结合剂的疏密程度，它反映了磨粒、结合剂、气孔三者之间的比例关系。按照 GB2484－84 的规定，砂轮组织分为紧密、中等和疏松三大类 15 级。

砂轮的组织对磨削生产率和工件表面质量有直接影响。一般的磨削加工广泛使用中等组织的砂轮；成形磨削和精密磨削则采用紧密组织的砂轮；而平面端磨、内圆磨削等接触面积较大的磨削以及磨削薄壁零件、有色金属、树脂等软材料时应选用疏松组织的砂轮。

（6）砂轮的形状和尺寸。

为适应各种磨床结构和磨削加工的需要，砂轮可制成各种形状与尺寸。常用砂轮的形状，有平形砂轮（P）、双斜边砂轮（PSX）、双面凹砂轮（PSA）、杯形砂轮（B）、碗形砂轮（BW）、碟形砂轮（D）、薄片砂轮（PB）、筒形砂轮（N）。

砂轮特性代号的含义：

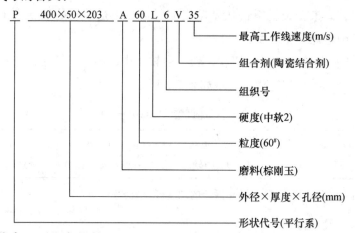

3. 砂轮的检查、平衡和修整

（1）砂轮的检查。

砂轮安装前一般要进行裂纹检查，严禁使用有裂纹的砂轮。通过外观检查确认无表面裂纹的砂轮，一般还要用木锤轻轻敲击，声音清脆的为没有裂纹的好砂轮。

（2）砂轮的平衡。

由于砂轮各部分密度不均匀、几何形状不对称以及安装偏心等各种原因，往往造成砂轮重心与其旋转中心不重合，即产生不平衡现象。不平衡的砂轮在高速旋转时会产生振动，影响磨削质量和机床精度，严重时还会造成机床损坏和砂轮碎裂。因此在安装砂轮前都要进行平衡。砂轮的平衡有静平衡和动平衡两种。一般情况下，只须作静平衡，但在高速磨削（线速度大于 50m/s）和高精度磨削时，必须进行动平衡。

（3）砂轮的修整。

砂轮工作一定时间后，出现磨粒钝化、表面空隙被磨屑堵塞、外形失真等现象时，必须除去表层的磨料，重新修磨出新的刃口，以恢复砂轮的切削能力和外形精度。砂轮修整一般利用金刚石工具采用车削法、滚压法或磨削法进行。

三、磨削运动

磨削时砂轮与工件的切削运动也分为主运动和进给运动，主运动是砂轮的高速旋转；进给运动一般为圆周进给运动（即工件的旋转运动）、纵向进给运动（即工作台带动工件所作的纵向直线往复运动）和径向进给运动（即砂轮沿工件径向的移动）。

平面磨床及其磨削特点：

平面磨床的主轴分为立轴和卧轴两种，工作台也分为矩形和圆形两种。它们由床身、工作台、立柱、拖板、磨头等部件组成。与其他磨床不同的是工作台上装有电磁吸盘，用于直接吸住工件。

平面的磨削方式有周磨法（用砂轮的周边磨削）和端磨法（用砂轮的端面磨削）。磨削时的主运动为砂轮的高速旋转，进给运动为工件随工作台作直线往复运动或圆周运动以及磨头作间歇运动。

四、介绍精密加工方法及现代磨削技术的发展

随着科学技术的不断发展，产品质量也不断提高，使工件获得粗糙度 Ra 值 $0.1\mu m$ 以下的磨削称为光整磨削，其中 Ra 值在 $0.16\sim0.08\mu m$ 的叫精密磨削；获得 Ra 值在 $0.02\sim0.04\mu m$ 的叫超精密磨削；获得 Ra 值 $0.01\mu m$ 以下的叫镜面磨削。光整磨削主要靠沙轮的精细修整，使砂轮磨粒微刃具有很好的等高性，因此能使被加工表面留下大量极微细的磨削痕迹，残留高度很小，加上在无火花磨削阶段时，在微刃切削、滑挤、抛光、摩擦等作用下使表面粗糙度达到较低的数值。光整磨削时，砂轮修整是关键，也很重要。如对钢和铸铁件进行磨削时，选白刚玉（WA），粒度为 $60^{\#}\sim80^{\#}$。一般情况下，为了充分发挥粗粒度磨料的微刃切削作用，常用陶瓷结合剂砂轮，但是为了不出现烧伤，使加工表面质量稳定，也可选用具有一定弹性的树脂结合剂砂轮。为了获得高的加工精度，实行光整磨削的机床应有高的几何精度，高精度的横向进给机构，以保证砂轮修整时的微刃性和微刃等高性，并且还要有低速稳定性好的工作台移动机构，以保证砂轮修整质量和加工质量。光整磨削与一般磨削的主要区别如下：

（1）砂轮粒度更细，一般磨削时为 $46^{\#}\sim60^{\#}$，光整磨削时为 $60^{\#}$ 以上至 W10。

（2）砂轮线速度达 $12\sim20$m/s。

（3）砂轮修整时工作台速度慢，达 $10\sim25$mm/min。

（4）横向进给量更小，一般为 0.02～0.05mm. 光整加工时为 0.002 5～0.005mm。

（5）工件线速度低，一般磨削时为 20～30m/min，光整加工时 4～10mm/min。

（6）无火花磨削次数多，一般为 1～2 次，光整加工时为 10～20 次。

光整磨削适用于各类精密机床主轴、关键轴套、轧辊、塞规轴承套圈等的加工。

第二节　平面磨削

一、平面的磨削方法

1. 在平面磨床上零件的装夹方法

（1）磨削中小型工件的平面，常用电磁吸盘工作台吸住工件。

（2）电磁吸盘工作台的工作原理是当线圈中通过直流电时，芯体被磁化，磁力线经过盖板—工件—盖板—吸盘体而闭合，工件被吸住。

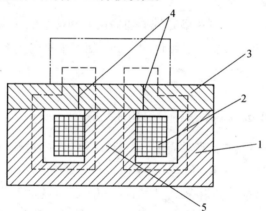

图 7-1　电磁吸盘工作原理

1—吸盘体；2—线圈；3—盖板；4—绝磁层；5—芯体

（3）当磨削键、垫圈、所有薄壁套等尺寸较小而壁较薄的零件时，因零件与工作台接触面积小，吸力弱，所以在工件四周或左右两侧用挡铁围住，以免工件走动。

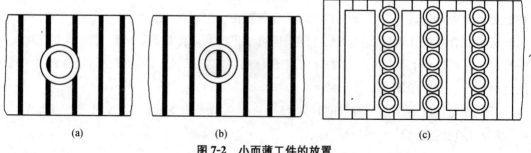

(a)　　　　　　　　(b)　　　　　　　　(c)

图 7-2　小而薄工件的放置

（4）当磨削高而窄的工件时因零件与工作台接触面积小，吸力弱，工件容易向四周倾倒，所以在工件四周都用足够高合适的挡铁围住，以免工件向四周倾倒（当有垂直度要求时使用下面介绍的垂直面磨削方法）。

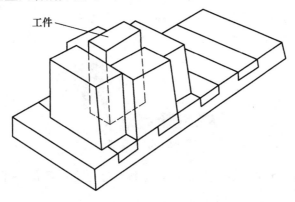

图 7-3　高而窄工件的放置

2. 工件的装夹

（1）安装工件的准备工作。

①将工件轻轻地置于磁力吸盘中央；

②打开励磁开关，工件被吸住；

③用手检查工件是否确实被吸牢。

（2）平行面工件的装夹法。

①将工件轻放于吸盘中央，两边用合适挡铁挡住，用目测使其与磁力吸盘平行；

②励磁使工件和挡铁被吸住，用木柄轻轻敲打挡铁。以使其与工件完全靠紧吸牢；

③用手检查工件是否确实被吸牢，用手动使工作台左右移动，检查装夹情况。

（3）卸下工件。

①切断励磁开关，用手剥取，不要用力拖拉工件，以免擦伤吸盘而影响磁力；

②取不下工件时，使开关反方向合闸 2～3 次，再取下。

3. 平面的磨削方法

（1）横向磨削法。

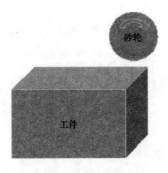

图 7-4　横向磨削法

①定义：每当工作台纵向行程终了时，砂轮主轴作一次横向进给，待工件上第一层金属磨完，砂轮再作垂直进给，直到切除全部余量为止。

②特点：易保证工件表面质量，但生产效率低。

③适用：适合于磨削长而宽的平面工件。

（2）切入磨削法。

图 7-5　切入磨削法

①定义：磨削时，砂轮不作横向进给，工作台在纵向行程的终了砂轮垂直进给一次，把所有的余量磨完。

②特点：生产效率低，表面质量差。

③适用：适合磨削比较狭窄的工件。

（3）台阶砂轮磨削法。

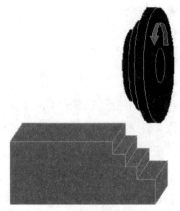

图 7-6　台阶砂轮磨削法

①定义：是按工件余量的大小，将砂轮修整成阶梯形，大大提高垂直进给量。

②特点：效率高，磨削效果好。

③原理：由于磨削用量分配在各段阶梯的轮面上，各砂轮面的磨粒受力均匀，磨损也均匀，能较多地发挥砂轮的磨削性能。

④适用：工件材料不能太硬，机床刚性好。

二、垂直面的磨削方法

1. 用精密平口钳装夹

（1）结构：由平口钳体、固定钳口、活动钳口、转动螺杆组成。

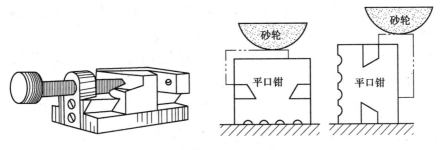

图 7-7　用精密平口钳装夹

（2）特点：侧面和钳口侧面与底面垂直度精度高，可达 0.005 毫米。

（3）适用：适合装夹小型导磁或非磁性材料的工件。

2. 用精密角铁装夹

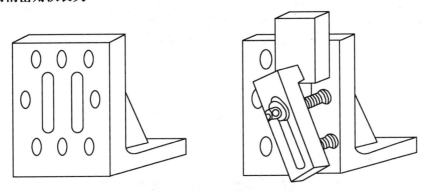

图 7-8　用精密角铁装夹工件

（1）特点：精密角铁具有两个互相垂直的工作平面，它的垂直度为 0.005 毫米，可达到较高的加工精度。

（2）适用：适合装夹大小重量都比角铁小的导磁或非磁性垂直面工件。

3. 导磁直角铁装夹

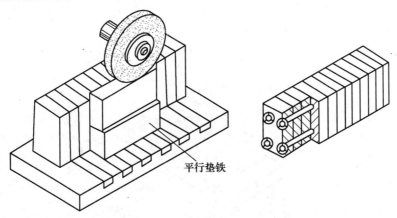

平行垫铁

图 7-9　用导磁直角铁装夹工件

（1）特点：导磁角铁有四个面互相垂直，黄铜把纯铁隔开，距离与电磁吸盘一样，磁力线可以延伸到上面。

（2）适用：磨削不易找正的小零件，或比较光滑的工件。

4. 用精密 V 型架装夹

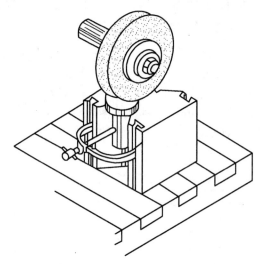

图 7-10　用精密 V 型架装夹

（1）V 型架：上下底面与 V 型工作面垂直度较高。

（2）方法：螺栓把工件固定在 V 型槽里，找正，夹紧。

（3）适用：装夹圆柱工件，磨削工件使其平面与圆柱轴线垂直。

5. 用垫纸法磨削垂直面

共有三种方法，适用于垂直度要求不高的工件。

（1）用百分表找正：用百分表头打在工件的侧面，上下前后移动，看表上的读数，若误差大，在工件下面垫纸，使百分表读数达到很小的跳动量。

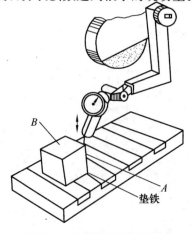

图 7-11　用百分表找正垂直面

（2）用圆柱角尺找正垂直面。

把圆柱角尺和工件都放在平板上，使其靠近，观察间隙，然后在工件下面垫纸，使间隙均匀，再磨削上平面。

（3）用专用百分表座找正垂直面。

①先把圆柱角尺和百分表座放在平板上，让百分表座定位点顶住工件下部最大外圆处，表头接触工件的上部，调到零；

②圆柱角尺移走，把工件放到原位置，看百分表上的读数；

③然后在工件下面垫纸，使百分表上读数几乎接近零．然后再磨削上平面。

6. 注意事项

（1）用台阶砂轮磨削法时机床的刚性必须符合要求。

（2）用精密平口钳、精密角铁、导磁直角铁、精密 V 型架之前先了解一下夹具的精度，磨削之前找正夹具侧面要与工作台纵向方向平行，然后再找正工件的位置。

（3）用垫纸法时，要用很薄的油光纸。

三、平面磨削方法的操作

1. 磨床开动前的检查与加油

（1）在手动加油处加油；

（2）检查各手柄停止位置及动作情况；

（3）检查工作台左右进给手柄离合情况；

（4）检查工作台挡铁是否固定。

2. 机床的启动、停止

（1）打开电源开关，接通电源；

（2）按动操作盘的开关按钮，启动砂轮、油压马达和切削液马达；

（3）按动急停按钮，使机床各部分运动全部停止。

3. 磨头的上下移动操作

（1）松开微量进给旋钮；

（2）按控制磨头上下的手柄向左移动，使磨头下降；

（3）将控制磨头上下的手柄向右转动，使磨头上升。

4. 磨头微量进给操作

（1）了解微量进给手柄进给方向。

（2）微量进给，用右手握微量进给手柄，看懂刻度盘的刻度。

（3）反复操作，磨头继续地微量进给，每次 0.01～0.03mm。

5. 工作台的手进给操作

（1）将工作台正反向手柄置于中间位置；

（2）手摇工作台，将手柄向右转动，使工作台向右进给，将手柄向左转动，使工作台向左做进给。

6. 磨削操作

左手手摇工作台与右手进给的配合操作。

四、砂轮的修整

砂轮的修整有三个目的：

（1）将磨钝的磨粒从砂轮表面除去，或将被切屑堵塞的砂轮表层除去，以保持砂轮锋利。

（2）因砂轮表面磨粒脱落不均匀使砂轮恢复准确的外形。

（3）仔细修整砂轮，可明显减少磨削粗糙度 Ra 值。

砂轮磨钝的明显标志是磨削效率显著下降，磨削热显著增加，产生振动、嘈音以及磨削粗糙度 Ra 值明显增大等，此时必须对砂轮进行修整。

1. 用金刚石修整器修整砂轮

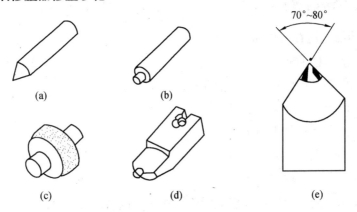

图 7-12　常用砂轮修整工具

（a）金刚钻；（b）金钢石笔；（c）滚轮；（d）金刚石；（e）金刚钻形状

启动砂轮和切削液马达：

（1）金刚石与砂轮的接触位置，如图 7-13 所示。打开砂轮罩的盖子，将修整器进给手柄拉于身前；

（2）轻轻地转动修整器进给刻度盘，使修整器的尖端接触砂轮的外缘；

（3）将修整器进给手柄退回原处，盖上砂轮罩的盖子；

（4）打开阀门，使切削液喷出；

（5）根据修整器进给刻度盘的刻度，使修整器进给，往复操作修整器的进给手柄进行修整（修整器一次进给 0.012～0.025mm，修整器的进给进度，粗磨 250～500m/min，精磨 100～250m/min，按照需要进行光磨）；

（6）用修整棒对砂轮的棱角制成适当的圆角。

2. 用装在座上的修整器修整砂轮

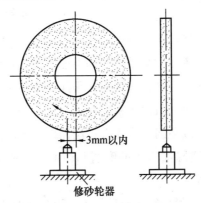

图 7-13　修砂轮

（1）将吸盘台面及修整器的底面用棉纱擦净；

（2）将定位器置于吸盘的中央处，使其被吸盘吸住；

（3）将修整器调至砂轮中心偏后 2～3mm 的位置；

（4）启动砂轮和切削液马达；

（5）降低砂轮至修整器的尖端稍碰到砂轮外圆，根据修整器进给刻度盘的刻度，使修整器进给，往复操作修整器的进给手柄进行修整（修整器一次进给 0.012～0.025mm，修整器的进给进度，粗磨 250～500m/min，精磨 100～250m/min，按照需要进行光磨）；

（6）打开阀门，使切削液喷出；

（7）降低砂轮，使其进给，拖板匀速地前后进给进行修整；

（8）砂轮的棱角制成适当的圆角；

（9）在砂轮离开修整器的位置上使砂轮停转，再将修整器从吸盘上取下。

五、磨床的维护保养

磨床的保养工作十分重要，对磨床操作者来说应做到以下几点：

（1）了解机床的性能、规格、机床各手柄位置及其操作具体要求，正确合理地使用机床。

（2）开动机床前。应首先检查机床的各个部分是否有故障。仔细地擦去灰尘、污垢、并按机床说明书规定对磨床有关部位进行润滑。应特别注意检查砂轮主轴箱等处的润滑油是否足够，导轨面上是否有足够的润滑油，以免拉毛咬伤。

（3）敞露在外面的滑动表面与传动装置，必须涂上润滑油，以防生锈。

（4）在机床导轨面和工作台面上，严禁放置工具、量具、工件或其他物件。

（5）不能用铁锤敲打机床部件以及已经固定于机床上的工作物，以免损伤机床和影响机床精度。

（6）装卸大工件时，要防止碰撞工作台面，因此最好在台面上垫放木板。

（7）在工作台上调整尾架、头架的位置时，必须先将台面及接缝处的磨屑、砂粒擦干净，并涂上很薄一层润滑油，然后再移动部件。

（8）机床工作时，必须注意砂轮主轴轴承的温度，如发现温度过高，应立即停车检查原因。保持磨床外形整洁。同时，在工作中还必须注意忽使工具、工件或其他物件碰撞磨床外部的表面，以免油漆脱落而使机件生锈损坏。

（9）离开磨床必须停车，以免因磨床无人控制而发生事故。

（10）工作完毕后，必须清除磨床上的磨屑和切削液，将工作台面、导轨面等仔细擦干净，然后涂上薄薄一层润滑油。

（11）必须注意对磨床各种附件的保养和保管，以免生锈或丢失。

（12）除了日常维护之外，根据磨床的工作性质，每过一段时期，在维修工人的配合下对机床做一次全面的维护保养，以保证机床的各项精度。

实操训练

1. 装夹工件

（1）安装面如有毛刺和热处理后的氧化层等，用钳工锉、油石或砂轮除去。

（2）将工件置于磁力吸盘的中央，使工件侧面与工作台纵向平行。历次使其被吸牢（工件有变形时，中凹面向下装夹），检查工件吸附情况。

2. 磨削1面

（1）移动工作台，调整挡铁块，固定行程，砂轮垂直中线离工件前后端面30~50mm左右。

（2）启动油压马达。

（3）确定工作台的横向移动速度为10~12m/min。

（4）使砂轮轴启动，手动进给拖板和工作台。

（5）使工作台进行油压驱动。

（6）转动砂轮上下手柄，使砂轮慢慢地降低，并接触工件的表面（当砂轮距工件尚有0.5mm左右时，使用微动进给手柄，进给量不能过大）。

（7）移动工作台，使砂轮离开工件，方能吃刀。

（8）一次吃刀0.02~0.04mm，使切削液喷出，启动油压驱动装置使工作台左右自动进给，同时手动将拖板前后进给，磨削整个平面。

（9）精加工磨削吃刀为0.005~0.01mm，分段次进行磨削。而后进行2~3次光磨（不产生火花现象进行磨削称为光磨，其目的是为降低工件表面粗糙度）。

（10）将油压驱动手柄拉至身前，使工作台停止运动，切断吸盘的励磁电源，取下工件。

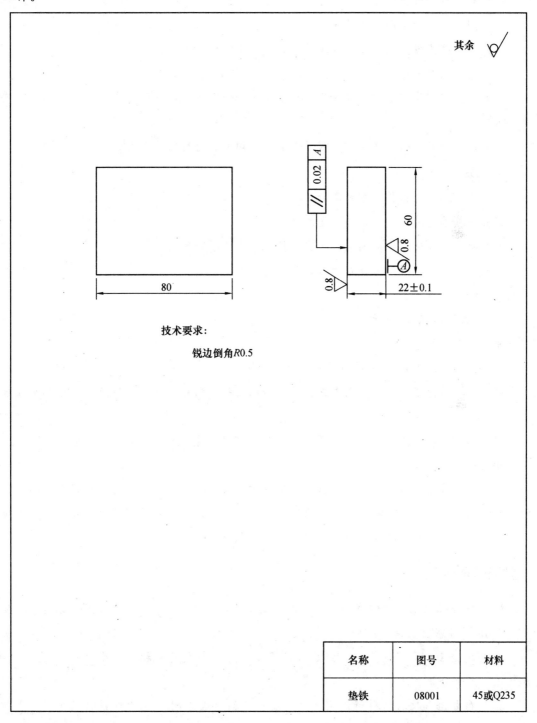

图 7-14　磨平行面

3. 磨削 2 面

（1）将工件用棉纱擦净。

（2）用千分尺检查磨削余量。

（3）清扫磁力吸盘表面，更换工件磨削面。用吸盘吸牢工件。

（4）用 1 面磨削同样要领，磨至 20±0.1mm 左右止。

（5）检查残留磨削余量，边检查砂轮上下手柄的刻度，边精磨至要求尺寸（精磨前要修整砂轮）。

（6）切断电源，将工件从磁力吸盘上取下，用油石进行倒角去毛刺。

4. 消磁

（1）在消磁器上铺棉纱布之类的薄布。

（2）打开消磁的开关，轻轻放上工件。

（3）将位于消磁器中央的槽作为界限使工件左右滑动数次。

（4）使工件水平滑动离开消磁器，放工件时不要切断开关。

（5）检查工件是否完全消磁，如消磁不完全，可再次进行消磁。

（6）切断消磁器电源开关。

备注：

（1）平面磨削可采用 GB（WA）白刚玉砂轮。

（2）砂轮选择不适当，如用表面变钝的砂轮磨削，则可能发生工件磨削损伤的裂纹或烧伤。

（3）因砂轮对工件有一定的压紧力，因而工作台速度过大，会发生磨削不良的现象。

小结：

平行面的磨削方法有 3 种，垂直面的磨削方法有 5 种，在磨削零件前，认真分析工件的大小、形状、技术要求和材料，灵活地应用磨削方法，不但要保证工件的精度，还要提高生产效率，即"质量就是生命，效率就是金钱"。

复习思考题

1. 通常平面磨削尺寸精度为_____两平面平行度误差小于_____，表面粗糙度 Ra 为_____ μm，精密磨削时 Ra 可达_____ μm。

2. 砂轮是由_____和_____经压坯、干燥、烧结而成的疏松体，由_____、_____和_____三部分组成。

3. 一般粗磨和磨软材料时选用_____磨粒；精磨或磨硬而脆的材料时选用_____磨粒。

4. 选择砂轮的硬度主要根据工件材料特性和磨削条件来决定。一般磨削软材料时应选用＿＿＿＿＿＿砂轮，磨削硬材料时应选用＿＿＿＿＿＿砂轮，成形磨削和精密磨削也应选用＿＿＿＿＿＿砂轮。

5. 写出砂轮特性代号的含义：

$$P\ 400\times50\times203\ A\ 60\ L\ 6\ V\ 35$$

6. 砂轮常用的结合剂有哪几种？

附：磨床使用规定及操作规程

一、磨床属贵重仪器设备，由专职老师负责管理，任何人员使用该设备及其工具、量具等必须服从该设备负责人的管理。未经设备负责人允许，不能任意开动机床。

二、任何人使用本机床时，必须遵守本操作规程，服从指导人员安排。在实习场地内禁止大声喧哗、嬉戏追逐；禁止吸烟；禁止从事一些未经指导老师同意的工作；不得随意触摸、启动各种开关。

三、砂轮是易碎品，在使用前须经目测检查有无破裂和损伤。安装砂轮前必须核对砂轮主轴的转速，不准超过砂轮允许的最高工作速度。

四、直径大于或等于200mm的砂轮装上砂轮卡盘后应先进行静平衡试验。砂轮经过第一次整形修整后或在工作中发现不平衡时，应重复进行静平衡试验。

五、砂轮安装在砂轮主轴上后，必须将砂轮防护罩重新装好，将防护罩上的护板位置调整正确，紧固后方可运转。

六、安装的砂轮应先以工作速度进行空运转。空运转时间为：直径≥400mm空运转时间大于5min；直径<400mm空运转时间大于2min。空运转时操作者应站在安全位置，即砂轮的侧面，不应站在砂轮的前面或切线方向。

七、砂轮与工件托架之间的距离应小于被磨工件最小外形尺寸的1/2，最大不准超过3mm，调整后必须紧固。

八、磨削前必须仔细检查工件是否装夹正确、紧固，是否牢靠，磁性吸盘是否失灵，用磁性吸盘吸高而窄的工件时，在工件前后应放置挡铁块，以防工件飞出。

九、磨床操作时进给量不能过大。磨削细长工件的外缘时应装中心支架。不准开车时测量工件。严禁在砂轮旋转和砂轮架横向进给的工作范围内放置杂物。

十、用圆周表面做工作面的砂轮不宜使用侧面进行磨削，以免砂轮破碎。

十一、砂轮磨损后，允许调节砂轮主轴转速以保持砂轮的工作速度，但不准超过该砂轮上标明的速度。

十二、采用磨削液时，不允许砂轮局部浸入磨削液中，当磨削工作停止时应先停止加磨削液，砂轮继续旋转至磨削液甩净为止。

十三、工作结束或工间休息时，应将磨床的有关操纵手柄放在"空挡"位置上。当操作时突然发生故障，操作者应立即按带自锁的急停按钮。

十四、要保持工作环境的清洁，每天下班前 15 分钟，要清理工作场所；以及必须每天做好防火、防盗工作，检查门窗是否关好，相关设备和照明电源开关是否关好。

模块三　综合训练

课题八　综合训练

一、综合训练要求

（1）用 A4 纸画好图纸和配分表。

（2）试分析此工件加工工艺特点并写出本工件的加工步骤。

二、工件图纸

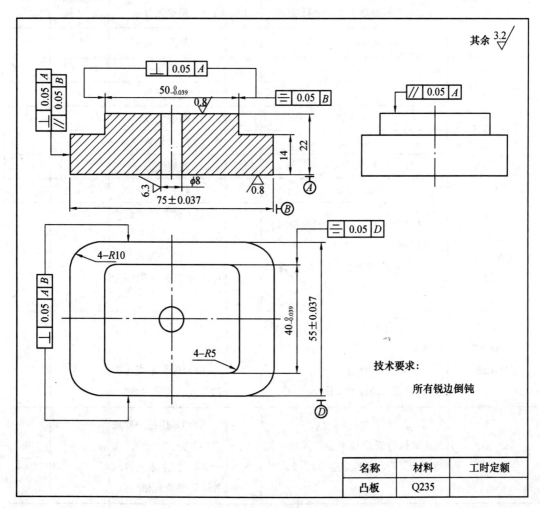

技术要求：

所有锐边倒钝

名称	材料	工时定额
凸板	Q235	

图 8-1　综合训练工件

三、考核配分及评分标准

表 8-1　考核配分及评分标准

考核项目	考核要求	配分	评分标准	检查结果	得分
重要项目	75 ± 0.037	8	超差无分		
	55 ± 0.037	8	超差无分		
	$50^{0}_{-0.039}$	8	超差无分		
	$40^{0}_{-0.039}$	8	超差无分		
	⏛ 0.05 D	8	超差无分		
	⏛ 0.05 B	8	超差无分		
	与 A 面的垂直度、平行度	12	超差无分		
	其它垂直度、平行度	6	超差无分		
一般项目	22	3	超差无分		
	14	3	超差无分		
	$4-R10$	3	超差无分		
	$4-R5$	3	超差无分		
	$Ra6.3\mu m$	3	超差无分		
	$Ra3.2\mu m$	3	超差无分		
工、量、刃具的使用维护	(1) 常用工、量、刃具的合理使用与保养 (2) 正确使用夹具，做好保养工作	5	(1) 使用不当每次扣 5 分 (2) 维护保养不当每次扣 5 分（扣完为止）		
设备的使用与维护	(1) 操作铣床，并及时发现一般故障 (2) 铣床的润滑 (3) 铣床的保养工作	6	(1) 操作不当扣 5 分 (2) 保养不当每次扣 5 分（扣完为止）		
安全文明生产	正确执行安全技术操作规程（包括机床保养、场地卫生等）	5	(1) 每违犯一项规定扣 3 分 (2) 发生重大事故者取消参赛资格		

复习思考题

1. 如果加工的凸台具有1°的脱模斜度又该如何加工?

2. 加工凹进去的型腔类工件（或带1°脱模斜度）怎么加工?

3. 实操附加题。

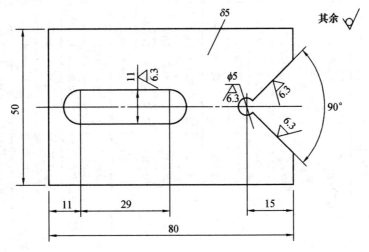

惠州市高级技工学校 模具制造高级考核实操试题(A)

试题编号：hzsgijx_0901

工种	等级	名称	材料及备料尺寸
模具制造工	技能竞赛	缩合工件	45#(60×60×22)

技术要求：
1. 学生自己完成电极修整
2. 所有尺寸公差为±0.02
3. 不准用砂布及饰刀等修饰表面，锐边倒棱角或倒角0.5×45°

工种	模具制造	图号	001	单位			检测结果	总分		备注
准考证号		零件名称	缩合工件	姓名			高级	得分 扣分	系统	
额定时间	150	考核时间		技术等级	评分标准		检测结果			
序号	考核项目	考核内容及要求	配分		评分标准					
1	机加工	20	3		超差0.01扣1分					
2		55(2处)	6		一处超差0.01扣1分					
3		35(2处)	6		一处超差0.01扣1分					
4		φ10(4处)	12		一处超差0.01扣1分					
5		R8(4处)	12		一处超差0.01扣1分					
6		38(2处)	6		超差0.01扣1分					
7	电火花	5(2处)	6		一处超差0.01扣2分					
8		10(4处)	12		一处超差0.01扣2分					
9		38(2处)	6		一处超差0.01扣2分					
10	形位公差	对称度	3		一处超差0.01扣2分					
11		垂直度	3		一处超差0.01扣2分					
12		平行度	3		一处超差0.01扣2分					
13	粗糙度	各加工面	5		一处超差0.01扣2分					
14	文明生产	按有关规定每违反一项扣3分。发生重大事故取消考试。							20分	
15	其他项	按照GB1804—79，工件须完整，考件局部缺陷无缺略。							扣分＜10	
16	加工时间	90min后尚未开始加工则终止考试。总时间240min，每超过1min扣1分。								
记录员		监考员		检验员		考评员				

其余 1.6

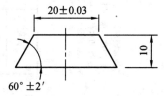

20±0.03

10

60°±2′

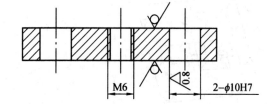

M6　　0.8　　2-φ10H7

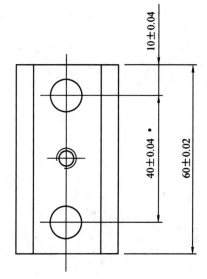

10±0.04

40±0.04

60±0.02

技术要求:

1. M6曝孔应垂直底面及牙型完整;
2. 孔口倒角,锐边去毛刺;
3. 不得使用钻模及二类工具加工,否则以零分记。

名称	图号	材料
斜面	03003	Q235

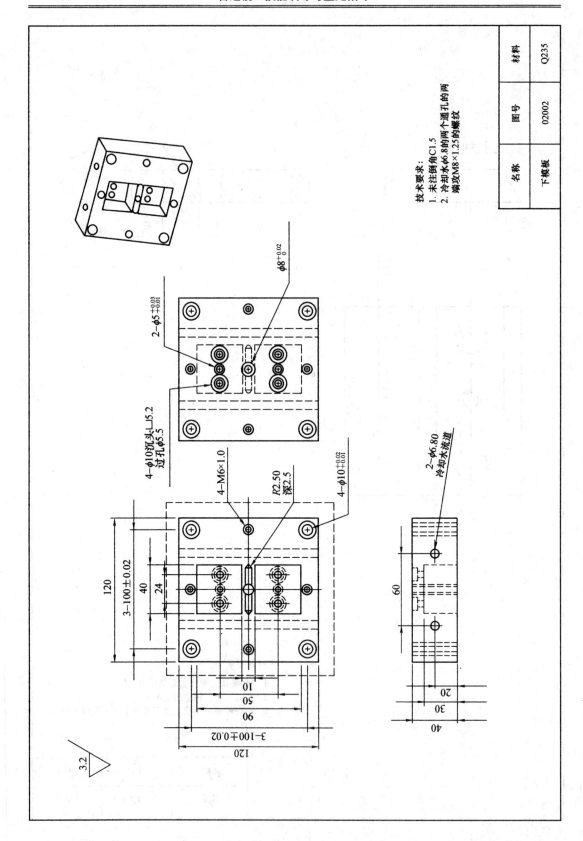

材料	Q235
图号	02002
名称	下模板

技术要求:
1. 未注倒角C1.5
2. 冷却水φ6.8的两个通孔的两端攻M8×1.25的螺纹

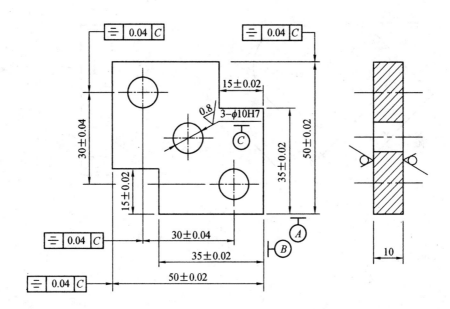

其余 $\sqrt{\dfrac{1.6}{}}$

技术要求：

1. 各加工面平面度允差≤0.02mm；
2. 各加工面对基准A，B平行度允差≤0.02mm；
3. 孔口倒角，锐边去毛刺；
4. 不得使用钻模及二类工具加工，否则以零分记。

名称	图号	材料
旋转块	03001	Q235

其余 $\sqrt{\frac{6.3}{}}$

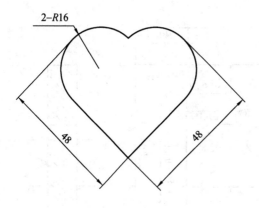

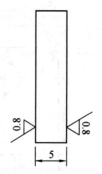

锐边倒圆 $R0.3$。

技术等级	名称	材料	工时定额
初级	心型块	45	3h

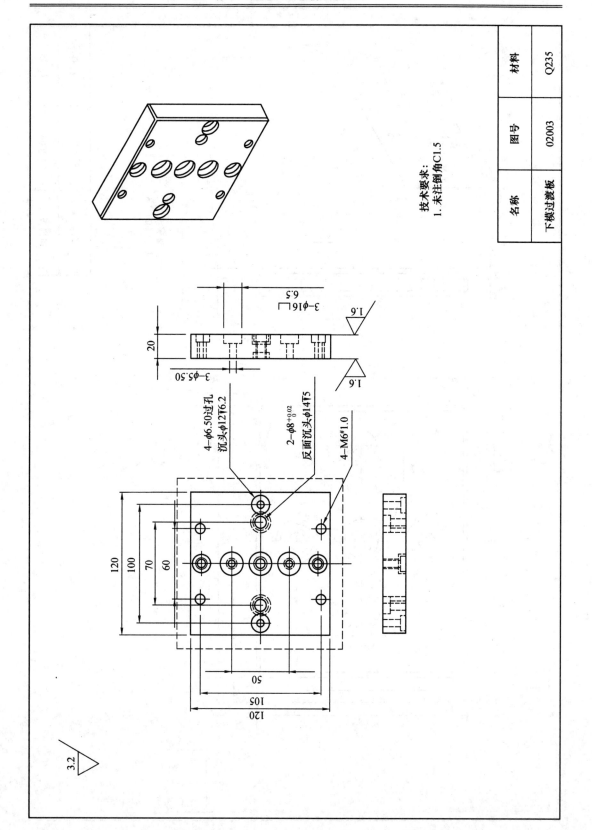

技术要求:
1. 未注倒角C1.5

名称	图号	材料
下模过渡板	02003	Q235

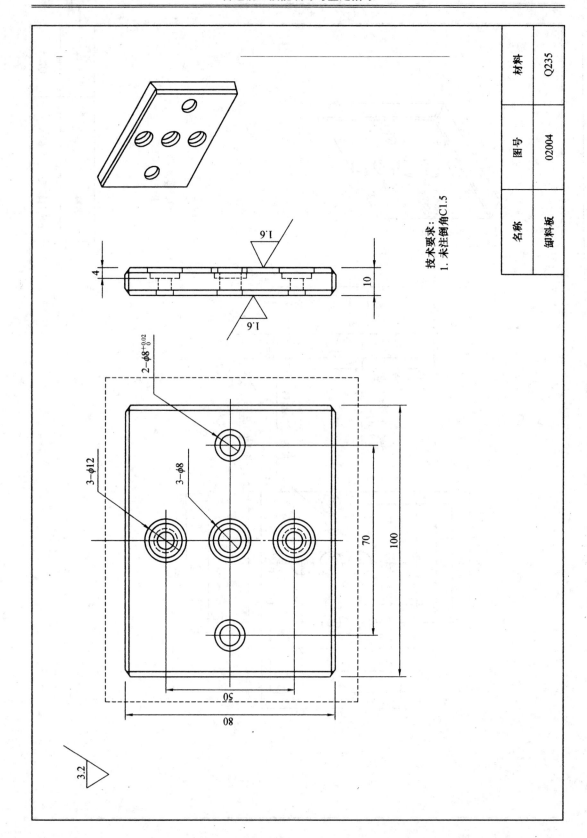

技术要求：
1. 未注倒角C1.5

名称	图号	材料
卸料板	02004	Q235

参考文献

1. 陈臻．铣工工艺与技能训练．北京：中国劳动社会保障出版社，2002
2. 罗学科．初级铣工技术．北京：机械工业出版社，2005
3. 胡家富．铣工（中级工）．北京：机械工业出版社，2005
4. 尹成湖．磨工．北京：化学工业出版社，2006
5. 胡石玉．精密模具制造工艺．南京：东南大学出版社，2005

策划编辑：曹智勇
责任编辑：瞿昌林
审读编辑：张　青
封面设计：黄建平

ISBN 978-7-305-07918-4

定价：26.00元